「尚光」系列故事

遇见光·追逐光·成为光

——上光大院的奋斗故事

中国科学院
上海光学精密机械研究所

「尚光」系列故事

遇见光·追逐光·成为光
——上光大院的奋斗故事

中国科学院上海光学精密机械研究所

—编著

上海科学技术出版社

图书在版编目（CIP）数据

遇见光·追逐光·成为光 ： 上光大院的奋斗故事 / 中国科学院上海光学精密机械研究所编著. -- 上海 ： 上海科学技术出版社, 2024. 8. -- (“尚光”系列故事).
ISBN 978-7-5478-6749-5

Ⅰ. TN24-49

中国国家版本馆CIP数据核字第20249SN954号

策划编辑　张毅颖
责任编辑　王雅丽　张毅颖
装帧设计　戚永昌

遇见光·追逐光·成为光——上光大院的奋斗故事
中国科学院上海光学精密机械研究所　编著

上海世纪出版(集团)有限公司
上 海 科 学 技 术 出 版 社 出版、发行
(上海市闵行区号景路159弄A座9F-10F)
邮政编码201101　www.sstp.cn
上海光扬印务有限公司印刷
开本 787×1092　1/16　印张 13.25
字数 200千字
2024年8月第1版　2024年8月第1次印刷
ISBN 978-7-5478-6749-5 / N·278
定价：88.00元

本书编委会

主　编

邵建达　陈卫标

编委会成员

彭　芳　薛慧彬　郑艳辉

吴燕华　沈　力　崔雪梅

刘　英　王金媛　王春馨

序

没有光，就没有生命；

没有激光，就没有现代的科技与生活。

1964年的5月，应运着激光诞生的强大学科背景和党中央毛泽东主席的决策部署，秉承着“科技报国，造福人类”的伟大使命，中国科学院上海光学精密机械研究所（简称“上海光机所”，大家都亲昵地称其为“上光”）正式成立。60年来，上海光机所面向国家需求与科技前沿，持续开展强激光科学与技术方面的研究，是国内起步最早、持续时间最长的激光专业研究单位。

“科学成就离不开精神支撑”，习近平总书记在科学家座谈会上重点强调了爱国精神和创新精神，并要求全社会大力弘扬科学家精神。栉风沐雨，砥砺奋斗，支撑一代又一代上光人不畏艰难、执着开拓，并取得累累硕果，不仅仅是他们代表“国家队”科研水平的硬实力，更是肩扛“国家责”的科学家精神。近年来，我们有意识地通过各种活动讨论凝练上光精神的内涵：“专注激光，深耕现代光学的使命担当；顶天立地，忠于国家人民的家国情怀；创新进取，致力学科协同的科学精神。”我们希望把这种精神固化、发扬、传承，成为一代又一代上光人的精神烙印，我们也希望通过“讲故事”的方式，每年出版一本“尚光”故事集，形成丛书，把这种精神传递给全社会，期望能带动更多的人，尤其是更多青少年朋友，受到科学家精神的召唤，去了解、理解、向往、热爱这个伟大的、不断驱动人类向前发展的科技创新工作。

《遇见光·追逐光·成为光——上光大院的奋斗故事》是“尚光”系列故事的第二本。与第一本《光巡星海》叙述角度有所不同，它如同一幅细腻的生活画卷，缓缓展开上海光机所建所初期“科一代”和“科二代”的五味时光。20世纪60年代，老一辈科技工作者，响应毛主席的号召，心怀科技报国之志，克服重重困难，携家带口奔赴上海嘉定，共同铸就了我国激光科技研究的璀璨明珠。他们矢志不渝，深耕激光科研沃土，不仅取得了举世瞩目的成就，更孕育出上光独特的“大院家文化”。大院的孩子们在父母的言传身教下茁壮成长，他们亲身感受着父母的家国情怀与奉献精神，上光精神融入他们的血液中。如今，他们已在各自领域成为佼佼者，为国家进步和社会发展贡献着自己的力量。这是一种精神的传承，一种行动的延续，如同江河之水，源远流长。

我们希望，在上海光机所建所60周年之际，通过这些原汁原味的叙述，勾勒还原出一幅幅鲜活的上光人生活与奋斗的画卷，真挚地传递那份最深沉的情感，让上光的“奋斗文化”和“家文化”照亮新时代前行的道路。

邵建达

2024年7月

前言

栉风沐雨六十载，不忘初心铸辉煌。2024年，中国科学院上海光学精密机械研究所（简称上海光机所）成立60周年。60年来，在党的坚强领导下，上海光机所以国家战略需求为导向，不断挑战国际激光科技前沿，坚持打造从激光材料、核心器件到系统集成的建制化研发体系，打通了从基础研究、关键技术攻关、工程验证到成果转化的创新价值链，为推动我国乃至世界激光科学技术的发展做出了重要贡献，所取得的一系列重大科技成果，代表了我国强激光科学技术在激光物理基础研究方面的水平和大型激光工程的研制能力。

60年如白驹过隙，1964年，上海光机所第一批建设者积极响应毛主席“死光（即激光），要组织一批人专门去研究它，要有一小批人吃了饭不做别的事，专门研究它”的号召，肩负着国家使命，从北京、长春等地，携家带口迅速汇聚到上海嘉定，立即开展了以“大能量”激光和“大功率”激光为中心任务的研究工作。上光大院的人们来自五湖四海，说着南腔北调，因上光聚在一起。他们在“两大起家”做好科研的同时，也慢慢形成了一种研究所特有的文化——上光大院“家文化”。在那个条件艰苦、设施薄弱、资源匮乏的年代，上光人在科研和生活中展现出的独特精神面貌，是弥足珍贵的精神财富，也是上光精神的基石。

本书视角独特，以上光第一代建设者及其子女自述的方式，回忆发生在上光大院里的故事，以小见大，重温大院的奋斗与温情，回顾上光人的执着和友爱，传承“上光精神”和“创新　唯实　奉献　诚信”的所训。

本书真切反映了老一辈科技工作者无私奉献的家国情怀和淡泊名利的品德风范。在建所一甲子之际，希望通过这些坚韧、温暖、有趣的故事，激励年轻科技工作者脚踏实地、奋发有为。

本书的出版得到了中国科学院直属机关党委、中国科学院上海分院分党组的支持，在此表示衷心感谢。

限于编者的知识水平，书中难免还有不妥之处，敬请读者不吝赐教。

德博學

目录

1964

艰苦奋斗忆当年

——建所初期的生活片段

——何绍康

作者简介

何绍康

1940年出生，上海光机所原副所长（任职时间为1992—2001年），四级职员，长期从事管理工作。1964年浙江大学毕业，进入上海光机所工作，2001年10月从上海光机所退休。

个人感悟

一分耕耘，一分收获。有志者，事竟成。

1964年9月8日，我来到了正在建设中的中国科学院光学精密机械研究所上海分所（后改名为中国科学院上海光学精密机械研究所）报到入所。接待人员向我们这批新进的毕业生详细介绍了上海光机所肩负的光荣使命和艰巨任务——当前急需建立一家激光专业研究所，这是一个从无到有、从0到1的重要突破，关系到国家的科研根脉与发展全局，使命重大、困难丛生，但却可以实现科技报国、造福人类。

那时的我们，正处在激情燃烧的年纪，满身力气生怕无处可用。老师说，我们这一批新进的大学毕业生，将成为上海光机所建设的主力军、生力军。我们将一切可以预见与不可预见的困难都抛之脑后，做好了为学以致用、报效国家而能吃苦、打硬仗的准备。那是上海光机所的故事开篇，也是我们人生的新起点，至今回忆，感慨万千。

睡地铺　一视同仁　无人叫苦

民以居为安。初到位于嘉定县（现为嘉定区）的上海光机所，首先要解决的便是住宿问题。时任嘉定县委书记牟敦高和县计委主任蓬树春对上海光机所的新员工们给予了高度的关心与支持。在他们的协调与安排下，携带家属的外地科研人员，住进了原嘉定县红卫幼儿园旁边的红楼，那是一座居民楼，大多数套房里有三间屋，由两户家庭合住。本就不大的小房子里有时要挤进七八口人，除了桌椅床柜外，基本没什么落脚点，做饭、上厕所、洗衣服等也都得商量着来。虽然生活不是那么方便，却也增进了彼此的感情，两户人家往往能相处得就像一家人。

单身职工则主要被安排在嘉宾饭店、迎园饭店、清泉浴室等地居住，当时这些单位的住宿业务已经全部停止对外营业，专供上海光机所租用。除此之外，还有不少单身同事住进了新沪玻璃厂。我们那一批毕业生大概有100人，其中女生13人，被安排在嘉定宾馆居住。由于住房紧张，我们全住在一间房内。小小的房间想睡下这么多人，唯一的方法就是打地铺，晚上“以地为床”，到了白天再收起来。

我们年龄相仿，当时都是24岁左右。还记得第一次走进房间时，我的心情是非常紧张的，可一看到大家，马上就被“治愈”了。只见几位芳龄少女，个个纯洁、大方、美丽、亲和、热情、充满朝气，她们中有的与我一样扎着两根乌黑的小辫子，还有几位留着利落的齐耳短发，真像现在流行歌曲所唱的“你笑起来真好看，像春天的花一样”。我们当即就进行了自我介绍与互动交流。我们的家乡遍布祖国大江南北，从中国科技大学、西安交通大学、浙江大学、吉林大学、南京化工学院（现南京工业大学）、上海科技大学（后并入上海大学）等相隔千里的学校毕业，怀揣着共同的理想走到了一起。那一刻，我感受到了一种奇妙的亲切感与归属感，心里想着，有这么多志同道合的伙伴携手同行，我们一定能实现心之所向，再苦再累都不怕！

晚上，我们一起打地铺。小小的房间想睡下13个人可并不容易，大家只能你挨着我，我挨着你。我印象特别深刻的是，由于挤得太近，只要有一个被窝动一下，大家都会跟着动，就像多米诺骨牌一样。所以大家都尽可能忍着不动，翻身都要小心翼翼，可就算这样，一晚上还是得折腾醒好几次。刚开始睡不惯硬地板，第二天起床，大家都腰酸背痛，只能彼此加油鼓劲，或者互相捏捏肩揉揉背。就这样过了几天，也就慢慢习惯了。

每天早上醒来时，我都会想，又迎来了新的一天，上海光机所的每一个“明天”一定会在我们的努力下越来越好。睡地铺的日子并不舒服，但我们女生住在一起的日子充满着快乐，大家总有说不完的话。记得有一次，在一个阳光明媚的周日，我们集体去了南翔古猗园游玩，天朗气清、惠风和畅、泛舟水上、畅享美景，最后还合影留念。那份纯粹且尽兴的快乐，我至今难以忘怀。

1964年入所部分女大学生于1964年9月12日游南翔古猗园留影

大食堂　一样用餐　经受考验

民以食为天。那时我们用餐基本都是在单位食堂解决，说是食堂，其实就是光机所东区图书馆旁边的一个大厅。这个大厅是“多功能”的，除了吃饭，平时开大会、看电影也在这里。同事们常常打趣，说这里不仅为我们提供物质食粮，也提供精神食粮。

我现在仍能清楚地记得大厅的环境与格局。虽然空间不小，但餐桌并不多，只有几个旧方桌及一些长凳子供就餐使用，显得有些空旷。但是，我们怀揣着报效祖国、振兴科技的满腔热情，即使大厅条件再简陋，大家聚在一起用餐仍是其乐融融。

食堂会发给我们一套搪瓷餐具，包括一个盘子、一个碗，每个碗上都编有号码，饭后要自己清洗餐具。食堂特地安装了几个水龙头专供洗碗用，但是只有冷水。如果盘子比较油腻就很难洗干净，有时我就会趁无人注意时到附近开水炉旁弄点热水，方便洗去油渍。当然，这种情况很少发生，毕竟大家都觉得用热水洗碗太过于浪费，所以即便是寒冷的冬天，大家也基本不舍得用热水。冷水不容易洗净就多洗几次，很多时候盘子洗干净了，手冻得又红又疼。

那时候，买菜打饭要用专门的饭菜票，在大厅专门的窗口购买。用餐时，根据食堂公布的菜单，用饭菜票到窗口买菜、打饭。我记得最便宜的素菜是3、4分钱一盘，很多同事为了省钱，一顿只吃米饭加一个素菜，但我们“知足常乐”。北方菜口味偏咸，而南方菜，尤其是上海菜，口味以甜居多，常吃的菜品以及烹饪方式也与北方有着比较大的差异。一些来自北方的同志吃不惯，刚来时就主要以蔬菜、咸菜为主，后来也慢慢适应了，甚至喜爱上了上海菜。

对我来说，比较不习惯的是每逢周日，食堂就只供应两顿伙食——早上吃一顿，下午四点把午饭和晚饭并在一起吃。我常常刚过中午就饿了，由于晚饭吃得太早，晚上很早又饿了，甚至到了半夜肚子还会咕咕响。由于南北方饮食习惯的不同，加上周日食堂只供应两顿饭，我和同事们有时候会在休息日到嘉宾饭店吃上一碗8分钱的阳春面。虽然也心疼钱，但也算偶尔打打牙祭，一饱口福。现在回想起来，那阳春面氤氲的热气与香气，似乎还环绕在我的身边，与同事们一边吃面、一边谈笑风生的画面也从未在记忆里模糊。

乘卡车 一路颠簸 心甘情愿

对上海职工来说，每周六下午是一周里幸福感最高的时刻，因为按照作息规定，周六下午与周日全天是休假日，这也是上海职工一周一次回家团聚的日子。外地的同事也会抓住这宝贵的休息时光，或在宿舍休息，或结伴出行游玩，或到同事家“串门”，给平时紧张的科研工作打开一扇可以透透气的天窗。

20世纪60年代的嘉定属上海郊县，其基础设施建设相对于市区要稍差一些。唯一通往市区的只有一条公交线路，名为“北嘉线”，起点为共和新路中山北路的北区车站，终点为嘉定西门，这是我们上下班唯一的公共交通线路。然而，由于车速较慢，中途还要绕到一些地方，乘坐“北嘉线”单程加上等候的时间需2小时。为此，所里从实际情况出发，安排从中国科学院长春光学精密机械研究所（简称长春光机所）调来的唯一一辆卡车在周六下午另外承担起接送职工上下班的任务。有了这辆车接送，我们周六回家，周一上班，可以在路上节省不少时间，单程只需1小时左右。

为了提升“客运”体验，所里对卡车车厢进行了简单改装，在车棚顶部拉了几根粗绳索，作为乘车人员的“扶手”。同时，为了照顾尹友三、杨姮彩两位年纪稍大的高工，又特地安放了一条长板凳，作为他俩的“专座”。我们在车上时，必须用手紧拉着绳子，人挨人站着，一站就是1个多小时，几乎连转身的空间都没有。那时的路并不像现在这般平整，车辆颠簸得特别厉害，我们也跟着起伏晃动。有时候一个急刹车，就会前倾后仰，踩到别人脚跟、脚背，遇到这种情况，大家也都相互谅解，一笑而过。因为是卡车，上下车很不方便，车身离地面较高，男同志要冒险往下一跳才能落地。碰到像我这样的女同志，跳不下来，真为难呀！只能等尹、杨两位先生下车后，把长板凳放到地面，然后由男同志拉上一把，才能经由板凳“过渡”下地。每次上下车总是提心吊胆，害怕摔跤出洋相。尽管如此，大家心里都特别知足，现在回想起来，依然对这辆卡车充满了感情。

除此之外，大部分住在嘉定城中的职工还迅速地学会了骑自行车上下班，如果步行上班，一般单程30分钟左右才能到所。那时候路灯少，尤其是晚上加班以后经常已是深夜，职工往往是摸黑回到住地。刚来所时，实验大楼大部分都集中在所部东区，也就是现在的博乐路塔城路。大楼门前是一片开阔的田野，以棉花种植为主。一到棉桃成熟季节，整片白茫茫的十分迷人。但由于没有公路，在弯曲的田埂小道骑车、行走都要特别小心，碰到雨雪天气，摔跤更是常有的事。

上海光机所东楼实验楼一角

我很有幸在上海光机所刚成立之时就成了那里的员工，见证了它最初的样子，也与它一起度过了最初的日子。那段艰辛的创所经历历练了大家的意志。看到今天上海光机所取得的辉煌成绩，我们愈发坚信，当年的一切努力与付出，都那么值得！

前文讲述了工作之余的点点滴滴，其实我们在实验室的工作也经历了很多筚路蓝缕、以启山林般的艰辛。当时，实验室里几乎一无所有，我们只能白手起家，自力更生。搞科研需要自己设计激光器的各类参数，自己画图，并送工厂加工，自己跑外地采购元器部件……但从没有人叫苦叫累，因为我们只有一个目的——早日完成任务，报效祖国！

所有这一切，现在的年轻一代可能难以想象。这可以理解，因为我们的国家富强了，人民生活越来越好了，科研条件也今非昔比。但无论时代如何发展，上光人的精神，永远不会褪色，更好的条件是我们前进的助力，而不是怠惰的理由。未来，在热爱祖国、团结友爱、顽强拼搏、吃苦耐劳、艰苦奋斗的精神的指引下，上海光机所一定会拿出更多响当当的成果，为我们国家建设科技强国、实现科技自立自强添砖加瓦！

怀科研之志，践报国之行

——我与上光共成长

——郑玉霞

作者简介

郑玉霞

1937年出生，上海光机所研究员，长期从事高功率激光技术研究工作。1962年毕业于吉林大学物理系，1964年进入上海光机所工作。参加预研究和建造的“神光Ⅰ高功率激光实验装置”获中国科学院科学技术进步奖特等奖和国家科学技术进步奖一等奖。1997年11月从上海光机所退休。

个人感悟

雨露滋润，土壤肥沃，禾苗才能茁壮成长。

中国人常常把60年称为“一甲子”，60岁的人也被称为进入了“花甲之年”，但只有亲身经历后才知道，60年的时间竟可以过得多么快，又承载着多重的分量。上海光机所迎来了60周年华诞，我和它之间的缘分，也已经书写了60年。

我很荣幸参与了上海光机所的建设工作，见证了它的从无到有、从0到1，并且在自己的职业生涯中见证着它从“1”走向“无穷大”。在这个过程中，上海光机所不断做大做强，我也逐渐成熟，成长为一名可担重任的国家科研人员。

60年过去了，时至今日，我依然能记得与上海光机所的初遇，以及陪它一起走过的最初的那些日子。

热火朝天，忘我建设

1964年，安排好只有几个月大的孩子后，我登上了由北京开往上海的列车，去参加建设我国成立最早、规模最大的激光科学技术专业研究所，我向往的工作单位——上海光机所。当时我的心情既紧张又激动，但最多的还是科学报国的一腔热血，以及对未来的无限憧憬。经过一千多千米的奔波，我们来到了上海市嘉定县。都没来得及好好休整，我们在到达的第二天就赶往了单位，进入上海光机所东楼。

还没到达光机所东楼，我们就听到叮叮当当的敲击声，走进楼内一看，原来是研究人员正在搬运一些装有仪器的外包装箱。它们中大部分来自长春光机所，也有一部分来自中国科学院电子学研究所（简称电子所），经过了长途跋涉才到达。当时，研究人员们正在拆包装箱，大家拆的拆、搬的搬，分工协作、有条不紊，虽然工作量很大，但所有人都干得热火朝天，没有一个人喊累。这一幕，让我深受触动，我明白自己来对了地方，并告诉自己在以后的工作中也要拿出这样的劲头来。

当时的实验室可谓是一穷二白，一切都从头开始。所以，在进行科学实验之前，我们先担任了“装修工人”，比如我参加了建造实验台、水泥台，安装电源插头，铺设实验电缆等工作。那时候，没有什么明确分工，大家都是各尽其力并且互相帮助，没有谁去计较，反而都是有活抢着干。当时的建设阶段，用夜以继日、废寝忘食来形容，可以说一点都不夸张，大家基本都是白天没干完晚上接着干，忙到忘了吃饭是常态。因为所有人都有着共同目标，尽早完成前期准备，赶紧开展科研工作。

在生活上，我仿佛也回到了大学时代集体生活的状态。当时，所里的基建还没有正式完工，我们暂时被安排进了所外的嘉宾饭店，一个房间住四个人。室友们既是工作上的伙伴，也是生活中的家人，生活轨迹都是同样的三点一线——住地、食堂、工作室。

工作初期，实现突破

一开始，我在半导体研究室工作，主任是德高望重的老科学家杨妲彩。我从事的工作是半导体二极管的测试以及光通信声光转换方面的研究。通过努力，我们实现了从国际饭店到上海光机所东楼的光通话，相关成果参展了当时的上海展览会。面对观众们的好奇询问，我们都积极讲解，不仅满足了大家的好奇心，普及了科学知识，也让上海光机所的工作与成果被更多人知道，打了一场大“广告”，我们心里都感到了满满的成就感。

1965年，我被调到当时的71#研究室，也就是后来的大功率研究室，在邓锡铭研究员以及余文炎老同志的带领下展开工作。前辈们不仅学识渊博，而且工作十分努力，态度特别严谨，从他们身上，我学到了很多东西，专业能力也有了很大的提升，但最感染我的还是他们的那种刻苦钻研、锐意进取、一丝不苟、精益求精、科学报国的精神，这种精神是上海光机所的宝贵基因，不仅深深影响了我，也影响着无数后来人。

当时，大家加班加点，协作攻关，投入10^{10}瓦的单路钕玻璃激光系统的研究建设工作。该激光系统于1973年建成，用它打氘冰靶获得了中子信号，实现了国内首次获得中子的历史性突破！即使在国际上，当时也只有少数几个国家可以实现。接下来就是建造更大的激光系统，在邓锡铭、范滇元、余文炎的带领下，我们用建成的10^{11}瓦激光系统打平面靶获得了两万个中子信号，当实验结果出来时，在场的研究人员都跳了起来，欢呼我们取得了又一研究成果，不少人还流下了眼泪。现在回想起来，依然觉得热血沸腾。

埋头苦干，科学报国

1975年，我们建成了两路10^{12}瓦激光系统，后来被称为神光Ⅰ装置。在神光Ⅰ装置的建造中，我承担了主放大器的研究工作，即几种不同规格的片状放大器的研究。主放大器是神光Ⅰ装置的关键单元，装置的能量指标、效率和造价在很大程度上取决于它。主放大器的性能直接决定装置的整体技术水平，它的研究成败将影响到整个计划的完成。

接下来，在八路激光系统，也就是后来被称为神光Ⅱ的激光系统的建设工作中，我的工作是新型同轴组合式2×2双程放大器的预研及研制。在大型激光建造的过程中，我们遇到过很严重的问题，但最终也都将这些问题一一克服。如在神光Ⅱ激光系统的建造中，两台主放大器，总共用了554支ф22×500（毫米）的脉冲氙灯，为解决多灯点燃的问题，我们创造性的应用了假灯和触发线，在很大程度上减缓了氙灯间的洛伦兹磁力的作用，并有效降低了氙灯的破坏危害，保证了多灯点燃的安全。为解决钕玻璃表面潮解、发霉以及表面灰尘被激光照射后的污染问题，除了建立超净装校外，还用大尺寸滤紫外光玻璃筒滤除普通石英管氙灯的紫外光谱成分，同时玻璃筒也兼作磷玻璃的密封玻璃。为了解决器件激光发射后的冷却问题，我们又建立了液氮冷却系统，采用强制吹氮气减少冲击波危害的技术措施，解决了器件干扰及高压绝缘等问题，令器件安全可靠地运行。

神光Ⅱ激光装置（国内规模最大的激光装置）通过国家级鉴定验收

两路激光系统（即神光Ⅰ装置）输出为10^{12}瓦，它是一个多学科、高技术的综合体，打靶测试实现了预期的目标。1987年，我们的成果通过了国家鉴定，在国家鉴定会上，这个实验装置被命名为“神光高功率激光装置”。它的胜利建成标志我国高功率激光和激光核聚变研究跻身世界先进行列，使我国成为世界上极少数拥有这项高技术的国家之一。

激光12号实验装置获中国科学院科技进步奖特等奖、国家科技进步奖一等奖

1989年，这一装置获得了中国科学院科技进步奖特等奖，又在1990年获得了国家科技进步奖一等奖。在两个装置建造的过程中，我受益匪浅，先后发表二十几篇论文；与同志们合作的“新型高压接头的脉冲放电灯”获得国家专利局发布的“实用新型专利证书”。之后，我晋升为研究员。

两个装置建成后，根据激光加温等离子体的需要，我们对激光系统进行了改造和完善，如激光束质量的改进、倍频技术的研究、多光束能量的平衡、短脉冲的研究、九路探测激光系统的建立等，使激光装置能更好地成为激光加温等离子体实验研究工作的手段。

现在很多年轻研究工作者正在研究建造输出功率更高、性能指标要求更高的激光实验装置，我真心预祝他们早日建成！并且相信在一代代上光人的接力之下，上海光机所一定会创造出更多的辉煌，并将自己的成果融入国家的科研大局、发展大局中，让我们的国家越来越好、龙腾虎跃！

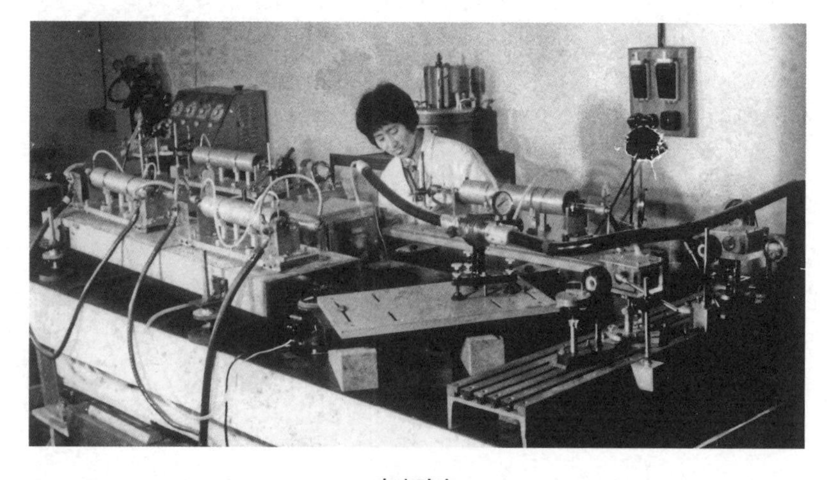

在实验室

「幸福村」里干科研

——王桂英

作者简介

王桂英

1940年出生，上海光机所研究员。因两地分居问题得到解决，1975年调入上海光机所工作。进所后，立即参与预研以及正式研制LF12号高功率激光装置的工作中。LF12号建成后，调往信息光学实验室。主持的工作获中国科学院科技进步奖二等奖、三等奖以及国家技术发明奖四等奖。合作著书1册，翻译书1本，被*SCI*引用的文章近百篇，发明专利6项。2000年4月从上海光机所退休。

个人感悟

我热爱科研事业，仰慕并致力于技术上的创新，期盼着人类有更美好的未来。

在1964年上海光机所建所之前，上海光机所的创建者们就已经研制出了我国首台红宝石激光器。这些创建者们不仅精通业务，而且擅长组织工作，将各个方面的人才汇集在一起，紧跟着国际科技前沿，在上海选址建所，利用当地先进的工业技术基础，不到10年的时间就在这东海之滨，建立起这样一所综合性的光学精密机械研究所。在这里，灯棒膜电算以及精密机械加工，五类俱全；在人才集聚方面，更是海纳百川，职工包括理工科的本科生和研究生，还有技术专科院校毕业的学生，以及各类技术工人等。随着时间的推进，分居两地的职工越来越多，来探亲的也多了起来。领导为解决新调来的两地分居职工的住所问题，建立了一个临时住地，当时命名为“幸福村”。

“幸福村”的幸福生活

幸福村的北边，是一条清河路，隔开了村子与光机所，但连接起了科研人的事业与生活。嘉定镇西大街，和清河路是两条东西向的平行道路，中间连接的便是“幸福村”。在成为“幸福村”之前，此处原本是作为光机所的临时招待所使用，供从外地远道探亲的职工家属休憩、暂住。

后来，随着所里事业蒸蒸日上，职工“大家庭”日益壮大，也带来了一个个“小家庭”的两地分居问题。领导了解相关情况后，决定在这块土地上建立一片临时住处，方便新调来的职工“拖家带口”。

党委成员林文正、科技处负责人杨熙承、六路激光负责人陈时胜、镀膜室主任范正修、大型激光装置能源库负责人孙乃庚和徐振华，以及电子学及无线电室的骨干龚亮贤……这些支撑起光机所的骨

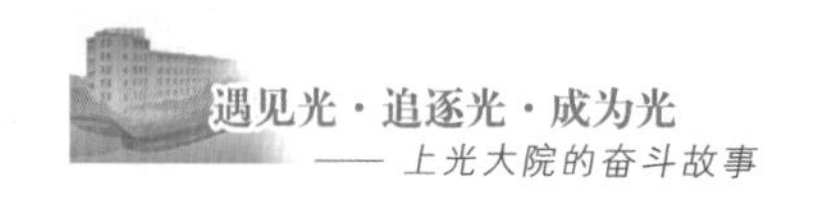

干力量，都在幸福村里安顿下了自己的小家，也从此有了不畏风雨的此心安处。

幸福村里的幸福，是集体的幸福。一条横亘在院里的自来水管，供起了十几户家庭生活起居的用水问题。水管上安装有四五个水龙头，大家洗衣、洗菜、洗碗、做饭都从这里接水。一间房一户人家，一户人家一个蜂窝煤炉，都习惯摆在南北通道两旁的自家门口，十几户人家就这样“水火相融”地相处起来。

住在最南边、与西大街相邻的职工生活里的环境分贝最高，每天凌晨三四点，西大街上窸窸窣窣的扫地声、叮叮当当的叫卖声以及断断续续的人流来往声便渐渐高昂。虽然经常吵了睡懒觉的耳朵，但也多亏了这些一大早便进城上街的勤劳农民，大家才能吃上从地里刚采摘出来的新鲜蔬菜，以及鸡蛋、鱼、虾和螃蟹等各种家常美味。

倘若哪户人家今天偷懒不想生火做饭，也可以跨过清河路，直接去所里食堂买熟食。食堂里的师傅都专门在市里相关部门培训过，手艺精湛，烧菜入味，两个字——“好吃！”他们喂养了不少孩子们肚里的“馋虫”，以致长大后的孩子们仍有不少人对这份舌尖上的美味念念不忘。在幸福村的“温床”里长大的孩子们，由于从小耳濡目染了农民伯伯的辛勤叫卖、掌勺师傅们的勤恳工作，嘉定人代代相传的勤劳、朴实的种子，也在他们这一代人心中扎根生长。

所里对幸福村人家的关照也是长年不断的。冬天，所里会提供每周一次的洗澡机会；夏天，还会供应菠萝水、酸梅汤等冷饮。幸福村里的幸福，是油然而生的美好、融入点滴的甜蜜。这份幸福细说起来不过是最平凡的柴米油盐，却为科研人员们解决了后顾之忧，让他们得以自觉自愿地争分夺秒、加班加点地工作，在建所短短十年的时间里，就建立起了包括光学元件加工、精密机械加工、晶体研制和加工，甚至铸造工艺研究在内的完整的激光研制生态链，也推动着他们攀向一个又一个世界科技的高峰。

为幸福而奋斗的“硬核”岁月

住在幸福村的科研人员，大多30多岁。但在光机所初创的那段日子里，不管在此前有过多少建树的科研人员们，都在这里从零起步、白手起家。从垒水泥台到设计加工各种支架、各类光学和晶体元件，从大至光机电算一体化系统到小至微米级的小球小孔的开发设计，所中硬件的从无到有、从有到优，都是大家不辞辛劳、亲力亲为的成果。也因此，从建所伊始就铭刻着奋斗基因的光机所，才能在短短十年内，建立起各类激光器件、灯棒膜全套生产基地。

六路激光核聚变实验室的建成，凝结着年轻的科研人员们的智慧和汗水。从建实验室、修建激光台、铺设地下电缆，到研制千百个零部件，这些夜以继日的故事里，充满着艰辛与考验，也常有荆棘刺手、曲折丛生，但热爱与奋斗，抵过了每一个漫长的黑夜，在幸福村里日日陪伴、等待归来的家人们，就是点亮黑夜的长明灯。

在光机所工作的人们，由于事多忙碌，经常赶不上家里的热菜热饭。家人们等待之余，还偶有“胆战心惊”。有一天下午，幸福村里如常炊烟袅袅、菜香扑鼻，人们也跟往日一样，等待着上班的人回家吃饭，但奇怪的是，几个小时过去了，一个人影也没见着。后来才知道，原来是一群人借了所里的一辆三轮车去东楼光机所的工厂取加工

六路实验室南入口

零件，要将半车加工好的产品运回西楼。那时，光机所东西楼之间没有直通的大马路，除清河路之外，连接东西两栋楼的都是小街小巷、小桥流水，倘若有不知情的人误入其中，或许会以为身处于汇龙潭公园里。就是在这“公园”里的一座崎岖不平的小桥上，运货的一伙人人仰车翻，半车零件倾倒入河。他们不顾自己身上的伤痛，立马脱衣下水打捞东西，捞了几个小时还是没捞完，只好花钱雇嘉定的船工来帮一把手。幸好光机所在嘉定素得民心，每名船工只要了一元钱。大家齐心协力，终于把东西打捞干净，也顾不上跟家里人说一声。各种意外，在幸福村并不鲜见。

西楼所有实验室里的设备和器件，除了费体力运输之外，还有赖于同志们各尽所能的智力研发。入实验室，他们能设计方案和实际元件或部件，甚至还能编织供激光系统接头所用的供电电缆断头；出实验室，他们又能研制各种充电电源，在艰苦条件下兴建起能源库，仔细钻研每一只电容器的安放。

智慧源于一次又一次“震耳欲聋”的实践，我们总是期待着系统每一次充电之后点火时的巨响，因为那意味着将会获得又一次宝贵的打靶数据。当然，除了让人喜出望外的成功，还有令人刻骨铭心的失败，尤其是在最不该出现失误的“大场面”中——在一位国家领导人莅临光机所参观时，六路激光系统打靶点火失败了。事后，全体六路人开会反省，深挖事故发生的原因。原本怀疑有阶级敌人在捣乱破坏，但水落石出之后，抓住的不是什么阶级敌人，而是地下老鼠——由于条件所限，当时地下管线的铺设非常简陋，老鼠乘虚而入，咬断了输电线的关键连接。说起来让人不禁苦笑，但笑谈之外，教训尤为深刻。正是一次次不厌其烦地亡羊补牢，我们才能化点滴进步为质

六路激光核聚变研究靶室

的跨越，谁能想到，这些我们自己一点一点研制出来的实验平台和一切实验器件，却能走向世界，成为世界排名第四的大型高功率激光系统呢？

在落后硬件中“开”出先进之花

硬件上，光机所建立了包罗万象的生态链；“软件”上，光机所从五湖四海招揽到门类齐全的人才队伍。大量的实践机会，吸引来不少理工科刚毕业的年轻人的目光。这些朝气蓬勃的年轻人，工作起来总是“恶狠狠”“急吼吼”，科研方案一经确定，他们的实施速度便势如破竹。年轻力量的涌动，让我们很快达成激光器、放大器、隔离器和空间滤波像传递系统的最先进指标。

外部灌溉之外，内部的滋养培育也不可小觑。在完成指标的过程中，有不少参与人员是在此前王之江领导的100号任务的执行过程中培养出来的，他们个个理论和技能并长，已经成长为所里的骨干力量。例如舒美冬同志，在设计光学元件、调整光路，尤其在总体固定方案的确定上都起了关键作用。

一腔热血干劲，满腹求知之心，再落后的硬件，也能结出巨大的硕果。

我们的LF大厅宽敞明亮，但最开始，在那有几个篮球场那么大的空间里，却只有振荡器光源、棒状放大器、隔离器等设备。后来，在周根发同志的带领下，才从北京的中国科学院科学仪器厂用卡车拉来了空间滤波器，把器件连接在一起。空间滤波器是控制光束质量的传输器件，一路系统上有五级滤波器，如何设计这些参数，仅依据模

神光Ⅰ装置（大厅部分）

拟实验是不够的，还需要进行从激光振荡器出来的光传递到靶场的物理模拟计算，要综合考虑各种干扰光束质量的因素，以及滤波小孔的尺度和各种器件的排放距离。研制装置的过程中，我们主要的参考文献是美国劳伦斯利弗莫尔国家实验室的年度报告以及他们在杂志上公开发表的文章，但问题是，我们的场地与他们的大小不同，而空间滤波器的长度和滤波孔的选择都受场地长度的制约。我们研制的空间滤波像传递系统中所有的滤波器均由胡绍义高工领导的机械设计组根据我们提供的物理数据参数设计。

为了因地制宜研制出适合我们自己的装置，同志们趴在大厅的地上，用氦氖激光器模拟远距离光传输的衍射干涉问题，但仍无法包含能量的因素。后来，我们利用了快速发展起来的计算物理方法，从计算物理研究和模拟实验中了解了破坏光束质量的原因，深刻地理解了光的传输规律，找到了利用恰好尺寸的小孔控制光束质量的规律，完成了整体光学装置的设计布局。此外，我们还研究出了一套传输数学模型，编辑了计算程序，可以计算模拟从激光源射出到靶场的传输光束质量的变化，并进行了大型模拟计算。

那时所里的Q-16计算机有几间屋子那么大，因为经常出现故障，所里专门备有一个计算机维护小组。这台计算机的运算速度甚至不及后来的286计算机，通常算一次需要耗费一天一夜。三年以后，我在联邦德国利用同样的程序模拟马普量子光学所碘激光器的传输情况，竟然只用了十分钟，因为他们使用的是世界上最先进的计算机，全世界仅研制了四台。即便有如此大的技术悬殊，我们依旧研制出各种激光放大器、空间滤波器、隔离器等，并继而研制出了检测和监测仪器。

我们虽行路缓慢，但始终心无旁骛、刻苦钻研。即便成果丰硕，也没有发表过一篇国外文章，在国内杂志上发表的也很少，大家聚精会神，全身心扑在实验上，对国际上的学术规则也一概不通。1980年，邓锡铭老师应美国量子电子学期刊的邀请，组织我们LF12号系统的研究人员撰写一些学术文章投寄过去。那时我们的文章习惯签名把领导签在前面，辅助工作人员签在最后。结果文章发表后，杂志全部寄给了最后一名同志，大家这才明白，国外和国内杂志的签名规矩是不一样的。

传授者，引领者

LF12号实验室分为几个实验组，每天昼夜不停地运作，晚上也时常灯火不熄。有一次早晨上班时，我们竟发现范滇元老师晕倒在实验室，便马上把他送进了嘉定人民医院。原来他独自加了一夜的班，在做实验的过程中，充电的电容器还爆炸了一次。

范老师的事业心和责任心不仅体现在实验场，还浸入日常的管理和教学中。负责棒状放大器、片状放大器、隔离器、空间滤波器以及配套的电子设备等的研究人员各司其职、井然有序，都有赖于范老师明确的分工指挥。范老师是管理者，也是传授者，每周，他都会选一天为我们亲自讲课，从激光产生的原理到器件的设计和放大隔离控制理论不一而足，甚至还开设了英文课程。由于第一台激光器诞生于20世纪60年代初，激光理论的成熟还要更加滞后，我们都没有系统学习过这方面的理论，范老师的讲课恰好为我们“解渴”。在范老师的影响下，这种传统在研究小组里赓续下去，让我们的每一步实践都得以踩在坚实的理论基础上。

光机所的学术风气在早年建所之时已经形成。那时候，几位学术

LF12号高功率小组成员（后排左起范滇元组长、杨毅、柏建荣、徐志明、张明科、余文炎室主任，前排高脐媛、莽燕萍、郑玉霞、王桂英）

带头人经常在一起探讨学术问题，争论不休甚至到面红耳赤。也是在那时，各种相关的科学问题被一一抛出，后来都转化为研究动力，指引着我们不断开拓新的研究领域。正因如此，光机所不仅有耀眼的大型激光装置，还有如各种类型的固体激光器、气体激光器件以及自由电子激光器等激光器件，在论文、专著、专利上遍地开花。

当谈论起上海光机所的优势时，“综合性强”总会成为一种共同的声音。但如果回望初创岁月，会发现如今光机所这座科研大厦，正是由这三种基础力量“承重”起来的：光学元件设计理论和加工制造，光学材料和晶体材料的研制，以及高功率激光理论和设备设计及研制。在支撑起光机所的科研“顶梁柱”中，王之江院士、干福熹院士和邓锡铭院士都是代表人物，还有原子钟专家王育竹、微波专家黄宏嘉、电子学无线电专家崔之光等做出卓越贡献的科学家。各个领域的专家齐聚嘉定，就是这块宝地上最大的“风水”。前辈引领、后辈接力、使命传承、奋斗不辍，上海光机所才能在东海之滨拔地而起，成长为跻身于世界科研前沿的激光理论和技术领域的高地。

自主研发，协作创新

——激光测距研发的故事

——胡企铨

作者简介

胡企铨

1942年出生，上海光机所原副所长，研究员、博士生导师，主要从事激光科学技术及其应用研究工作。1964年从中国科学技术大学毕业，进入上海光机所工作。1979年公派前往法国国家科研中心，1988年赴美国得克萨斯A&M大学，作为访问学者各工作两年。获国家科学技术进步奖特等奖、二等奖和中国科学院科技进步奖一等奖、二等奖等。2007年4月从上海光机所退休。

个人感悟

心随春风走，无物不成诗。

雄关漫道真如铁，而今迈步从头越。上海光机所已经走过60年风雨路，这是一段充满着艰苦与坎坷的征途，是一段激荡着光荣与梦想的远征，也是我人生中一段激情又深情的岁月。作为上海光机所的初代成员，我有幸与它从一开始便一路同行，彼此相伴。

60年来，上海光机所爬坡过坎、攻坚克难，实现了一项又一项突破、完成了一项又一项成果。这些成就连在一起，拼接成一段光辉的岁月，但其中的每一个片段，都可以作为上光精神、上光力量的生动缩影。今天，我就来讲一讲上海光机所激光测距研发的故事。

起步

我国的激光测距研发，始于20世纪60年代初。当时，我国第一台红宝石激光器在长春光机所研制成功不久。研制队伍由长春光机所的顾去吾先生领衔，人员包括长春光机所和原总字145部队（后转制成兵器工业部西安某研究所）的同志，共计十余人。这是激光器问世以来，我国开展的首批激光应用研究项目之一，其目的是为满足我国炮兵的火控测量需求，为部队提供一种采用高新技术的新装备——激光测距仪。

此时，激光器在世界上刚发明不久，相应的激光技术应用研究也才起步，国外同期开始的激光测距仪研制都还处于初始阶段，没有经验可借鉴，只能自主研发。我国的激光测距研究与国外同类工作相比，虽起步时间差不多，但却受到各种条件的限制——当时我国的科学技术基础、物质条件保障和工业生产能力与国外相比，均有很大的差距，激光测距仪研制工作一开始就遇到了重重困难。

南迁

为了加快促进我国的激光科学技术发展，在老一辈科学家钱学森、王大珩和黄武汉等先生的建议下，并在中央领导和中国科学院领导的支持关心下，1964年5月，中国科学院决定抽调长春光机所和电子所两个单位中与激光科学技术相关的科研技术人员在上海建立一个专业的激光科学技术研究机构——中国科学院光学精密机械研究所上海分所。同时，上海市也划拨了几个小型光学仪器厂给该所，组建成一个有一定光学和机械制造能力的研究所附属工厂，从而有力地支持了新建的研究所迅速开展各项科研工作。

长春光机所南迁的部分，包括了激光测距仪研制项目及其研究组大多数成员。在新建的上海光机所分所十余个研究室中，有专门研究中小激光应用的第二研究室。该室由来自电子所的范果健先生负责，他整合了长春光机所和电子所的有关研究人员和原总字145部队一起，继续开展炮兵激光测距仪的研制。当年，我是一名刚毕业参加工作的大学生，有幸加入这个激光测距研发项目组中，开始了我的科研工作生涯。

协同创新

激光测距仪的核心部件主要包括大功率激光发射器、光电接收转换器、信息处理电子学和供电能源等。在20世纪60年代初，凭借我国当时的条件，想要研制出一台实用、便携、能满足各项军用要求的激光测距仪，面临着各种各样的难题。前路遍布着无数已知与未知的困难，我们如何攻坚克难？答案是只能靠自力更生、协同创新。

就激光器来说，当年能够输出红色激光的球形直管氙灯泵浦长脉冲红宝石激光器在我国刚研制成功，能工作在红外波段的掺钕激光材料（玻璃和晶体）正在研制中，能输出短脉冲大功率激光的调Q技术也还在探索。机械式转镜调Q因体积太大，只能在实验室中使用；电光调Q受电光晶体材料制约，仅能从国外少量进口，供实验用。为此，我们只能靠与所内外及其他单位的研究人员合作，从零开始，一方面要不断积累经验，摸着石头过河；另一方面又要突破一层层路障、克服重重困难，背负着研制任务向着胜利进军。

过程的艰难让成就更加喜人，而一项巨大的成就，一定是由一步一个脚印的无数小成果凝聚成的。为了实现红宝石调Q激光器小型化，我们从各种途径寻找合适的小型高速电机，发明了转镜折叠腔加速调Q。为获得红外激光器，我们与研究激光材料的同事合作，试制了能高功率输出、重复频率工作的掺钕激光玻璃，与激光晶体生长的同事一起研制了各种掺稀土金属离子、能在红外波段工作的激光晶体，最后，我们成功研制出了性能优越的掺钕YAG激光晶体，并实现了产业化批量生产。我们还研制生产了具有电光特性的铌酸锂晶体，发明了无须起偏器的双45度和单45度铌酸锂晶体电光调Q器；研制了具有红外波段可饱和吸收的激光染料十一甲川、氟化锂晶体和掺铬YAG晶体，它们可用于激光器的锁模和调Q运转，这也为以后研制全固化的小型激光器创造了条件。

此外，我们还和研制氙灯泵浦光源的同事一起，研制了小型重复率脉冲工作的氙灯及其所用的新型铈钨电极材料和钼片石英封接结构，提高了光泵效率和寿命，缩小了氙灯泵浦所需的能源体积和重量。

当时，我国面临着群狼环伺的国际形势，以美国为首的西方国家对我们处处提防，尤其在科技领域给我们设置了众多樊篱，试图遏制我国科技的发展。在此背景下，上海光机所和中国科学院半导体研究所（简称半导体所）一起研制了可泵浦全固态激光器并满足空间应用条件的大功率半导体激光二极管芯片集成堆，突破了国外对我国的技术封锁，打响了冲破西方技术包围圈的重要一炮。

厂所结合

万里长城是靠一块一块砖堆起来的，科研事业也永远不能靠单打独斗，需要群策群力、取长补短、互帮互助，如此才能像拼图一样拼成理想的图景。这在研制激光测距仪的过程中体现的十分鲜明，除了科研院所之间、科研工作者之间的协作外，厂所结合同样发挥了重要作用，形成了重要经验。

上海光机所附属工厂在激光测距样机制造成功的过程中发挥了不可或缺的作用。工厂的技术人员及工人师傅们堪称那个时期的“大国工匠”，帮助我们这些科研人员解决了样机制造、工艺、装校、检测和技术规范确立等各种生产中的问题。既从器具层面为我们的应用研究提供了可靠的保障，也为科研成果进一步推广打下了坚实基础。

我们的激光测距研制工作还得到了上海市和全国各地许多企业的大力支援和帮助。例如，为了研制高重复率激光器，但所内缺少大

在办公室

功率直流电源，当年有一段时间，上海有轨电车公司在午夜电车停运后，便为我们在市区临时借用的实验场所提供实验用大功率高压直流电源。上海整流器厂和株洲电力机车制造厂为我们提供了耐高压、大电流的可控硅整流器和IGPT管，解决了我们激光器电源研制中缺少关键元器件的难题。

这样的故事还有太多太多。为了缩小激光器电源的体积，我们和上海天和电容器厂等企业一起研制了能脉冲工作的大容量小型储能电容器；为了研制小型金属化薄膜高储能密度电容器，我们和常州绝缘材料厂一起研制了新型超薄绝缘材料；为了能高灵敏地探测激光测距的回波信号，我们和南京华东电子管厂一起从研制光电阴极材料开始，试制了新型、小型化光电倍增管，和研究半导材料和器件的同志们一起研制了多种新型半导体光电探测器：硅光电二极管、砷化镓光电二极管、四象限半导体光电探测器和雪崩光电二极管等；为了提高测距仪的测量距离，需用滤光片压低背景杂光强度，上海海光光学元件厂帮助我们研制了干涉滤光片的基底彩色玻璃，上海亚明灯泡厂为我们研制了重复率脉冲氙闪光灯；为了能够提高测距精度，我们自研了信号处理的电子线路，其中需要特定的频率标准石英振荡晶片，上海无线电元件厂便为我们特别定制；当检测电子线路各种信号所需的宽带脉冲示波器进口无望时，也是上海有关无线电仪器厂为我们特地试制提供；为解决激光的传导冷却，有关企业还为我们提供了各种热管试用……

虽然说是“所”与“厂”，但我一直觉得我们其实就是一家人，因为我们都有着同样的目标，朝着同样的方向努力。在炮兵测距仪项目完成以后，我所还把相关的科研成果和资料毫无保留、完全无偿地提供给常州和扬州两个地方企业推广应用，为此后我国军工企业批量生产各类军用激光测距仪做出了贡献。

现在回想起来，心中依然涌动着浓浓的感动，这份感动，一方面来自对这些兄弟工厂们的感激，感激他们为我们的工作、为国家的科研事业付出的努力；另一方面，也感动于我们之间这份心往一处想、劲往一处使的合作精神，在那个年代这就是我们最为宝贵的财富，也是我们心中最大的底气。这份精神，这份经验，这些故事，值得久久地讲述、传承、发扬。

冲出九重

上海光机所在完成炮兵激光测距仪的基础上，相继开展了一系列激光测距的研制任务：20世纪六七十年代，与中国科学院大气所共同研制了气象激光雷达测量云高；60年代末到80年代初，为海军09工程潜射弹道导弹测量，参加了王大珩先生领衔的激光红外电视电影经纬仪中激光测距系统的研制；80年代，与上海天文台一起研制了跟踪卫星的激光卫星测距仪并开展对月球的精确激光测距定轨研究；90年代，为空军强五机载火控系统研制激光测距仪，为空军引进的苏-27飞机火控系统中激光测距部件的国产化提供了技术支持；21世纪初，为海军航保部门研制了机载激光航道测量系统，参加了嫦娥探月工程中激光测距和探测火星中激光载荷的研制……

这几年有一句流行语，“我们的征途是星辰大海”，这句话用来概括上海光机所激光测距研发的故事，也十分贴切。从白手起家到一砖一瓦再到平地高楼，从不甘人后到弯道超车再到引领世界，上海光机所的激光测距技术在不断地创新、发展、提高。我们的技术已经冲出九重，未来，在一代又一代上光人的接续奋斗下，在上光精神的照亮与指引下，相信上海光机所一定能仰望星空，插上翅膀，直冲云霄，再创辉煌！

光学薄膜实验室在艰苦奋斗、开拓创新中发展壮大

范正修

作者简介

范正修

1940年出生，上海光机所原薄膜技术中心主任，研究员，长期从事薄膜技术研究。1964年进入上海光机所工作。获国家科技进步奖一等奖、上海市科技进步奖二等奖和三等奖、中国科学院自然科学奖二等奖、中国科学院科技进步奖一等奖和二等奖、中国专利优秀奖等。2005年9月从上海光机所退休。

个人感悟

人的能力有大小，只要有奉献精神，就一定能为社会进步做出贡献。

上海光机所是应毛主席在1964年3月份对激光反导的重要批示而建立的。它是我国第一个从事激光研究的专业研究所，基本任务就是研究和发展以大能量、大功率激光为代表的各项激光技术及其应用，特别是在军事领域的应用，重点是进行高能激光武器和激光核聚变方面的相关研究工作。上海光机所的团队最初是由长春光机所和电子所从事激光研究的相关人员，以及我们这些应届的大学生和中专生组成的。在上海市委和市政府的支持下，上海长江和竟明两个光学仪器厂也并入光机所，从事相关技术和设备的试制工作。当时光机所的所长由王大珩先生兼任。光学薄膜作为激光系统的一个单元技术，由长春光机所镀膜组相关人员搬迁组建。我们进入上海光机所时，该组属于第八研究室，室主任由王之江先生兼任，业务秘书是苏锴隆先生，镀膜组组长是杨本祺先生。

“自装”起家，“摸石”起步

上海光机所是在国际形势比较紧张的条件下急切建立的。由于任务紧迫，所以在建所之初，各方面的条件都很难与所承担的任务相匹配。我们镀膜组仅有的两台镀膜机都是从长春光机所搬来的。其中一台的机壳是木头的，钟罩是玻璃的，它是由苏锴隆老师在长春光机所开始从事激光薄膜研制时在一台废弃设备的基础上设计搭配起来的。正是用这台设备，苏老师创造性地研制出了我国第一块反射率超过99%的氦氖激光薄膜，并用它做反射腔腔片，制成了我国第一台氦氖激光器。另一台设备，是一台原来镀制单层减反射膜的镀膜机，由杨本祺老师设计改装，叫作“306多层镀膜机”，就是这样一台设备，

早期的薄膜实验室

1米镀膜机

搬迁时明确告知是长春所借给我们的，两年后必须归还（该设备已于1967年归还给长春所）。在极端困难的条件下，前辈们以超乎寻常的速度，在极短的时间内完成了搬迁、安装和改进，并利用这样简陋的设备，制备出高性能的激光薄膜。其中木头装置制备的低损耗反射膜，支撑了氦氖激光的稳定输出，使最初的激光通信研究得以进行。“306”镀膜机更是在条板型钕玻璃激光器上制备出高性能1.06微米激光反射膜，并于1964年底实现了千焦耳级的大能量激光输出。

“沉积”技术，沉淀进步

随着薄膜技术的发展和激光及其他相关技术对薄膜需求的增加和提高，必须发展新的薄膜材料和新的沉积技术，以实现各种高性能薄膜的设计和制备。20世纪60年代以美国为首的西方世界，对激光反导之类的国防高技术进行严格封锁，制备高功率激光薄膜和高性能激光薄膜所需要的电子束沉积技术，不可能从西方得到。面对这样的条件，在杨本祺、金林发、张宝仁等老同志的共同努力下，我们自己研发了电子束沉积技术，并用这种技术沉积出氧化锆，氧化钛和氧化硅等多种硬质薄膜，设计及制备出高性能的高反射膜和偏振膜。那时候，电子束沉积技术国外也刚刚起步，没有资料，没有产品，我们借鉴了其他制备技术中的电子束雏形，自己设计制备了环形电子枪和E形电子枪，并用这种土枪制备了高功率激光膜和低损耗高发射硬膜，分别支持了高能激光和高性能短波长氦氖激光技术的实现和发展。其中我们所研制的“高反射硬膜”获得中国科学院科学进步奖一等奖。

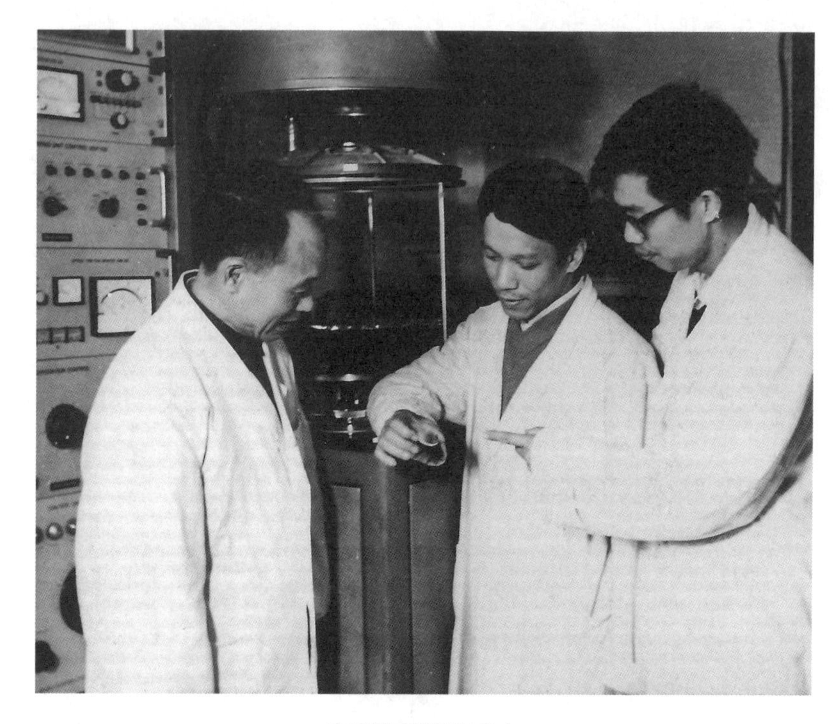

高反射硬膜镀制成功

为了适应不同激光技术的需要，我们把光学薄膜的波段，从软X射线一直延伸到红外波段，自行研制了相应的制膜设备和测试设备，并采用不同的技术，对薄膜的厚度及相关性能进行控制。这里包括王秀芬、张虹、金林发等开发的紫外薄膜；苏锴隆、张宝仁、黄天祥等开发的红外薄膜；范正修等研制的X射线薄膜。在此过程中，我们不仅改进和发展了电子束制模技术，还相继建立了磁控溅射、离子束溅射等各种新型的激光薄膜制备技术。这些设备和技术要么是我们自己设计和建立的，要么是和有关单位合作研制的，要么是在买进的设备上进行改装的。它们融进了我们的经验、知识和思想，用这样的设备，可以制备出具有自己特色的、性能更好更理想的激光薄膜。

研制高性能薄膜，必须发展相应的测试技术。早在建所初期，杨本祺等就研制了高反射测量仪，低反射测量仪和薄膜折射率测量仪。苏锴隆等把光谱测量技术与高反射率测量技术结合起来，建立了多波长高反射率测量仪，实现了反射率为99.9%以上的激光薄膜测量，该项研究获得中国科学院科技进步奖一等奖。与此同时，罗妙洪等同志开展了薄膜微结构的分析研究，李庆国等同志开展了薄膜应力测量和分析，苏锴隆等同志采用激光量热技术进行了薄膜弱吸收测量。此外，我们还和上海测试所合作，实现了薄膜组分的定量分析。这些薄膜测试工作都做出了开创性的贡献。

在薄膜制备的过程中，薄膜厚度和沉积参数控制技术是非常重要的。在这方面，我们先后建立并发展了极值法、波长扫描法、晶振法、转速控制法、挡板法等多种膜厚控制法。其中杨本祺和章宏芬等

10.6微米高反射率测量仪

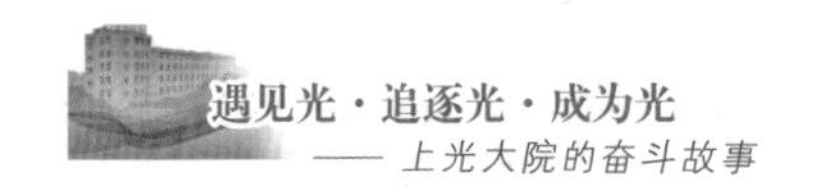

同志在极端简陋的条件下，实现了宽光谱薄膜自动控制。

与一般的光学薄膜不同，激光薄膜除了极高的光学性能外，更要具有足够高的抗激光强度。为了不断提高激光薄膜的破坏阈值，就必须进行薄膜破坏机制的研究。为此，我们早在1967年就在非常困难的条件下，建立了光学薄膜激光破坏研究实验室，开始进行破坏机制的实验和理论研究。为了观察激光对薄膜破坏的时间过程，我们采用高速马达带动狭缝分割的方法，把激光脉冲进行分割；采用土制的高速相机，记录激光破坏的发生、发展和结束过程。并在此基础上，研究了光学薄膜在多脉冲激光作用下的破坏过程与脉冲功率和脉冲数量的关系。此外，我们还在激光破坏实际观测和理论分析的基础上，相继开展了薄膜破坏与薄膜的制备工艺，以及薄膜材料、薄膜膜系、薄膜结构、薄膜应力相互关系的研究工作。在此过程中，我们不断改进薄膜材料，薄膜膜系结构，薄膜的制备技术、控制技术和测试技术。使光学薄膜的光学性能和抗激光强度不断提高，以此支持了我国激光技术，特别是高能激光技术的不断发展。

就激光技术总体来说，光学薄膜是一项配套技术，从这一点出发，光学薄膜必须尽最大的努力去完成总体对薄膜的需求；但光学薄膜又是一个专门的学科，从这一点出发，它必须有自己的研究课题和发展方向，即通过光学薄膜在激光系统中的实际应用，发现光学薄膜在激光作用下的实际问题，并由此加深对光学薄膜的认识。以国家急需的任务带动学科发展，以学科的深入发展促进项目的创新和发展，两者是一个统一的整体。事实上，把学科及其相应的专业技术提高到更高的水平，才能满足激光总体对光学薄膜提出的更高更新的要求。本着这种思想，在我们与各方面的激光技术和总体配套协作的过程中，总是把总体当作自己的事去关心，遇到问题，首先从自己方面去考虑和分析，再与相关总体一起去分析解决问题。在此过程中，我们不仅能动地完成了对相应激光系统的薄膜供货任务，有力地支持了各类激光工程和总体的研究和发展工作；还相继开展了光学薄膜的设计技术、测试技术、制备技术以及激光和光学薄膜相互作用的研究工作。在设计技术方面，我们不仅建立了光学薄膜的程序设计和性能分析，实现了光学薄膜光学性能的自动设计，并且提出了驻波场设计和温度场设计的思想，建立了相应的设计程序；在测试技术方面，我们不仅建立了薄膜光学性质的测量技术，还开展了薄膜力学性质测量、薄膜结构分析、薄膜光热特性的测试，以及薄膜的材料、结构、吸收等多方面性质与薄膜激光破坏之间的关系等多方面的研究工作；在制备技术方面，我们不仅发展了电子束蒸发、离子辅助等基本制备技术，还开展了磁控溅射、离子束溅射等光学薄膜制备的新技术，建立了光学薄膜自动控制和在线测量的基本装置和基本程序；在激光和光学薄膜相互作用的研究中，我们不仅建立了相应的测量系统，还进行了薄膜破坏阈值和破坏过程的测试分析以及相应的激光预处理装置。在研究过程中，我们提出了光学薄膜激光破坏的脉冲尖峰效应和累积效应，把研究结果融合到薄膜设计和制备工艺过程中去，并将光学薄膜的优化设计技术与驻波场和温度场设计方法结合起来，实现激光薄膜全过程的最优化设计和精密分析。通过这些基础性的研究工作，我们建立并优化了电子束蒸发的沉积技术，实现了低损耗高反射硬膜和高强度激光薄膜的研制和推广应用。采用激光薄膜的优化设计技术和保护膜技术，极大地降低了薄膜的损耗，改进了激光薄膜的性能，并大幅度地提高了薄膜的激光破坏阈值。我们自己建立的全自动优化程序设计和优化工艺制备的偏振膜，不仅在高功率激光系统中成功运用，还获得国际同行的好评。在美国劳伦斯利弗莫尔国家实验室进行的测试实验中，我们所提供的样品不仅光学性能优良，而且抗激光寿命也超过了美国及其他相关实验室提供的样品。美国罗切斯特大学的相关专家到光机所参观时，特别提出要参观我们的大镀膜实验室，看到简陋的土设备，他们感到很惊奇，不相信我们能用这样的设备，制备出性能优异的高功率大尺寸激光薄膜。

向外播撒，向内繁枝

除了研究工作，我们还非常注意研究成果的总结和推广。早在改革开放以前，实验室就接待了全国各地的多批从事激光薄膜研发的科学技术人员，并向国内多个单位推广了激光硬膜技术。作为研究成果的总结，我们于1976年撰写并出版了《固体薄膜技术——光学薄膜》；编辑了《上海光机所研究报告集之三——光学薄膜》；参加了不同丛书有关“光学薄膜”章节的撰写工作，并凭借一系列的研究成果，获得了中国科学院颁发的“全国科学大会重大科研成果奖”。

在20世纪80年代中期开始的“863”计划中，实验室承担了“高强度激光薄膜”“软X射线激光薄膜”和“激光对光学薄膜破坏机制的研究”三个研究课题。我还被聘为“863-410-5”专题的专家组成员。

在激光对光学薄膜破坏机制的研究中，我们提出了激光对光学薄膜破坏的热效应和场效应两个基本过程，以及缺陷破坏和本征破坏两个基本机制。明确指出，在激光对薄膜破坏过程中，导致薄膜破坏的主要诱因会在不同条件下发生转化；薄膜破坏机制研究的核心就是抓住主要矛盾，并予以解决。在激光与薄膜相互作用的过程研究中，我们采用脉冲光热偏转技术，实时探测了光学薄膜在脉冲激光作用下的温度场分布。相应的研究成果获得中国科学院自然科学奖二等奖。

在高强度激光薄膜的研究中，范瑞瑛等提出用混合薄膜材料制备高功率激光薄膜，有效地拟制了薄膜生长过程中的缺陷，并把材料过程、设计过程和工艺过程有效地结合起来，使薄膜对脉冲激光的破坏阈值得到显著提高。所研制的高性能反射膜、偏振膜和多倍频波长分离膜，不仅有效地应用于高功率激光系统，还被推广到其他激光系统中，取得很好的社会效益和经济效益。该项成果获得上海市科技进步奖二等奖。

在多年对高功率激光薄膜研究的基础上，我们提出了“高功率激光薄膜是一项系统工程”的基本观点，并指出，激光薄膜问题，不仅涉及薄膜研制本身的全过程，还涉及基底材料、基底加工、薄膜处理以及薄膜的应用特性、薄膜的应用环境和存放条件等多方面的问题。薄膜中的各类缺陷，不只是薄膜过程本身产生的，还与基底材料和基底加工及处理有关。基底加工过程中的表面和亚表面缺陷，可以通过薄膜过程释放、放大或聚合，形成新的低阈值缺陷或节瘤缺陷的种子源。这类由基底过程和薄膜过程耦合产生的新型缺陷，是限制薄膜抗激光强度提高的重要诱因。对于光学薄膜激光破坏机制本身来说，不同激光对不同薄膜的破坏机制和破坏过程，既有不同的特点，更有相通的内涵，包括薄膜缺陷破坏和薄膜本征破坏、薄膜的场击穿和热破坏、线性过程和非线性过程等几个方面的破坏机制，都可能在一定条件下成为主要矛盾，并在另外条件下，转化为次要矛盾；薄膜的结构，薄膜的光学性质、力学性质、物理/化学性质都会影响激光与薄膜相互作用过程，从而影响激光对薄膜的破坏过程、破坏阈值和基本性能。这一切相互关联又相互影响的基本特征和基本性质，都必须站在更高的层次上，作为一个系统的工程进行研究，进而进行综合分析和系统控制。只有这样才能认识问题的本质，把激光薄膜提高到更高的水平。我们的这些基本思想，对高功率激光薄膜的光学性能和抗激光强度的提高，以及薄膜技术的持续发展，都起到了积极的作用。

光学薄膜实验室是一个团结奋进的团队。在长期的工作实践中，我深深认识到“凝聚力”对一个研究团队的重要性，并由此加强了研究队伍和研究能力两方面的建设，明确提出，光学薄膜的研究队伍不能散，光学薄膜的所有研究条件只能加强，不能分散。在研究经费非常紧缺，一些研究人员需要“自谋出路”的困难时期，光学薄膜实验室不但没有萎缩，反而不断壮大。实验室所有的结余经费，全部用来购买研究设备或加强实验室建设，从来没有巧立名目，落入个人腰包。实验室所有的课题组，不论谁遇到经费困难，都可以从实验室得到支持，使之维持正常运行。

由于实验室的研究内容和研究项目不断增加，研究队伍不断扩大，实验室原来的小组建制已经不适应研究和开发工作的需要。1994年，我们把“光学薄膜实验室”从原来的“技术光学研究室”里独立出来，成立了“光学薄膜研究发展中心”。在继续承担研究任务和工程任务的基础上，又建立了市场研发部，承担市场开拓和市场产品研发方面的工作。这样，光学薄膜得以进一步发展壮大，逐步走向欣欣向荣。1999年，邵建达应召回国，接过了光学薄膜研发中心主任的担子，光学薄膜完成了更新换代，更多的年轻人加入了光学薄膜的研发团队，并担任相关研究方向和课题的领导，使光学薄膜实验室走向进一步的繁荣。

除了研究工作之外，实验室还非常重视培养年轻科技工作者和研究生。从1985年开始，实验室便开始招收和指导研究生。第一个硕士研究生就是著名的光伏产业开创者——施正荣，他的研究课题是“激光与光学薄膜相互作用的热过程分析”。此后，包括吴周令、薛松生、金磊、苏星、汤雪飞、周东平、邵建达、胡海洋、赵强、贺洪波

和薄膜实验室2013年毕业生的合影

等一大批研究生，都在学位研究中做出了开创性的研究工作。其中，吴周令作为主要参与者完成的“激光对光学薄膜破坏机制的研究”还获得了中国科学院自然科学奖二等奖。这些年来，实验室培养的研究生已有二百多名，他们中的很多人已经成为国内外知名的企业家、科学家和工程技术精英，留在所内工作的邵建达、贺洪波、易葵、徐学科、齐红基、朱美萍、王胭脂、刘世杰、魏朝阳、邵宇川和赵元安等，也都成为光机所、薄膜中心或其他部门的领导或精英。从所外引进的张伟丽、晋云霞和吴卫平等同志也都有着博士学位。在光机所，光学薄膜只是个不起眼的边缘学科。但是，实验室的研究生队伍却是光机所所有学科中较大的群体之一。

想党和国家所想、急党和国家所急、艰苦奋斗、开拓创新、精诚团结、锐意进取，是实验室研究工作的指导思想。遵循这个思想，实验室从不到十个人，只有一台自装的镀膜机起家，发展成现在百人以上规模的研制队伍，各类设备和技术配套齐全的光学薄膜实验室。本着这种精神，上海光机所的光学薄膜事业必将继续发扬光大，并立足于国际相关工作的顶端和前沿。

不畏「蜀道难」，险阻变通途

——上海光机所的「初见」与「初建」

苏宝蓉

作者简介

苏宝蓉

1934年出生，上海光机所原激光应用中心主任，研究员级高工，长期从事激光加工技术研究工作。1964年6月从长春光机所调入上海光机所工作。获上海市科技进步奖二等奖、国家科技进步奖三等奖、国家技术发明奖三等奖。1991年9月3日《光明日报》在“拼搏攀登奉献——国家七五科技攻关英雄谱”中刊登“惜时如金的苏宝蓉的事迹”。2019年荣获中共中央国务院中央军委颁发的“庆祝中华人民共和国成立70周年”纪念章。1995年12月退休后被浙江工业大学聘为教授至今。浙江工业大学设立苏宝蓉奖学金以奖励优秀研究生。

个人感悟

匠心所至，终生报国。

1964年5月，在毛泽东等党和国家领导人的关怀下，上海光机所正式建所。作为参加建所的第一代上光人，我无比荣幸也深感自豪。今天，我要说说上海光机所来之不易的故事，讲讲全所职工在建所初期同心同德、只争朝夕、共克时艰、奋发图强的许多往事。

舍小为大无怨言，热火朝天干事业

我是金属材料专业出身，毕业后被分配到长春光机所工作，负责三峡水轮机关材料研究，后晋升为助理研究员。我的爱人余文炎毕业于物理专业，与我分配到同一个研究所。1965年5月，为了响应国家号召，他来到了位于上海嘉定县的上海光机所报到。当时，我手头还有一项国家重点项目，计划等到项目验收后也奔赴上海，并且希望能在上海光机所的帮助下，调到更符合我专业所长的上海冶金所工作。1965年6月，我来到上海光机所并如愿以偿办理好调进上海冶金所的手续，却临时改变了主意，做出了那个改变我一生的决定。

当时，上海光机所正处于建所初期，时间紧、任务重、人手少、实验用房短缺。我看到全体行政人员都在光机所的东楼大厅高效办公，雷厉风行、一丝不苟，将千丝万缕与千头万绪都梳理得井井有条。研究人员们则在实验室中分秒必争，从无到有、白手起家，为了尽快做出激光，产生核聚变效应，赶超国际先进水平而与时间竞速。当时，所内并没有足够强的电能装备，就把实验室搬到了上海电机厂，研究人员住在厂职工宿舍，不分昼夜地连轴工作。突然有一天，他们看到激光核聚变信号的消息传到了所里，所有人都欢欣鼓舞、兴奋激昂，脸上洋溢着幸福的笑容，将好消息奔走相告。那一刻，我被大家齐心协力克服困难，分秒必争为祖国争光的动人场景深深打动，立刻决定放弃原有计划，留在这里与大家共同奋斗。服从领导安排，我到科研处担任了副科长。

这种舍小家为大家，服务大局的故事还有很多。中国第一台红宝石激光器于1961年7月在长春光机所研制成功，当时仅比世界第一台同类激光器晚一年多，而且有着自己独特的性能优势。为了尽快发展具有重大意义的激光事业，趁势而上抢占发展快车道，上海光机所领导做出了“先工作后生活”的决定，将职工们暂时安排在离光机所较近的一套两居室合住房或集体宿舍居住，他们的孩子和老人则暂时送回老家或托人在原地代管。这意味着，职工们都要与自己的家人暂时分离。但大家不仅没有怨言，反而更加全身心地投入到事业中，将全部精力都放在了建所与科研中。

万事开头总艰辛，齐心协力排万难

从零开始筹建与世界先进水平赛跑的高科技研究所，这种困难与压力是可想而知的。起初，上海市领导只批给光机所一幢东大楼，所里缺钱、缺人、缺房，实验室缺水、缺电、缺煤气、缺基建装备。为了尽快得到上海市和嘉定县有关部门的支持，我们决定在上海筹办一场为期一周的高效高质的科普宣传性激光展览会，帮助有关部门与相关领导进一步了解组建上海光机所对早日实现民族复兴、国家富强的重大意义。

此决定迅速得到全体职工的积极响应，大家纷纷表示要在一周内交出展品和展板说明。按照科研处的安排，我担任了活动筹办的负责人，我也坚定地立下“军令状”。从此，我除了完成每天的科研计划与工作目标外，还要和水、电、木、美工等专业人员每天乘北嘉线头末班车往返嘉定与市区，再转乘公交车到乌鲁木齐站的临时展地。每天在路上奔波的时间长达好几个小时，我就在车上学习与展出有关的激光知识，晚饭后赶回研究所查看展品安装调试情况，协助解决实验条件和关键器材短缺等问题，并陆续拿到展板说明，用接力棒方式提前完成了展板设计与制作。

星光不负赶路人。在大家齐心协力、加班加点努力下，我们聚沙成塔，不仅让布展工作得以提前一天请领导验收，而且也让展览会广受关注，备受好评。很快，上海市就决定将后来的光机所西大楼批拨给我们，并且将原上海光学仪厂的人员与设备也支援给我们，组建上海光机所试制工厂。与此同时，嘉定县领导批复要加快上海光机所在城中路组建的职工宿舍楼工程。这一切，都为后来上海光机所的迅猛发展做了充足的前期准备。

1965年9月，10名刚毕业的大学生分到了科研处，由我负责接待。当时，所领导办公室、行政管理办公室、大功率大能量激光实验室、光学设计室等分布在西所，光学材料实验室、中小型激光应用实验室、机电设计室、试制工厂等位于东所。为了减轻室主任和研究人员经常要在东西两楼往返的负担，我们将科研处10名新大学生留1名在西所办公室值班，其他9名再加上我各自分管一个研究室，参观并学习他们的实验活动，帮助他们及时解决在实验室中碰到的有关实验条件的各种难题，并每周安排一天回西所办公室讨论汇报各研究室的工作进展、问题及解决方案，极大地减轻了室主任和实验室人员的额外负担，受到职工们的欢迎，提升了科研工作的效率。

自我加压出成果，力争上游攀高峰

在本职工作之余，我也一直有一个愿望，希望能把自己的专业所长与激光技术进行结合，发挥“1+1＞2”的效果，也进一步释放自己的优势与潜力。当时，上海光机所激光器品种很多，要研究激光与金属材料的相互作用，还缺可变焦导光聚焦系统和可控变速移动平台。我在废品库找到立式钻床，利用试制工厂的光机电有利条件，把它改造成可以做实验的装置，和当时我所最高功率1 000瓦，长10米玻璃管式的CO_2激光器连接，切出了国内第一块钢板，随后又用激光把它焊成一体。

所工宣队领导观看后，我立即建议在试制工厂成立由CO_2激光器研究人员、技术工人和工厂技术科组成的三结合小组，专门负责

在实验室

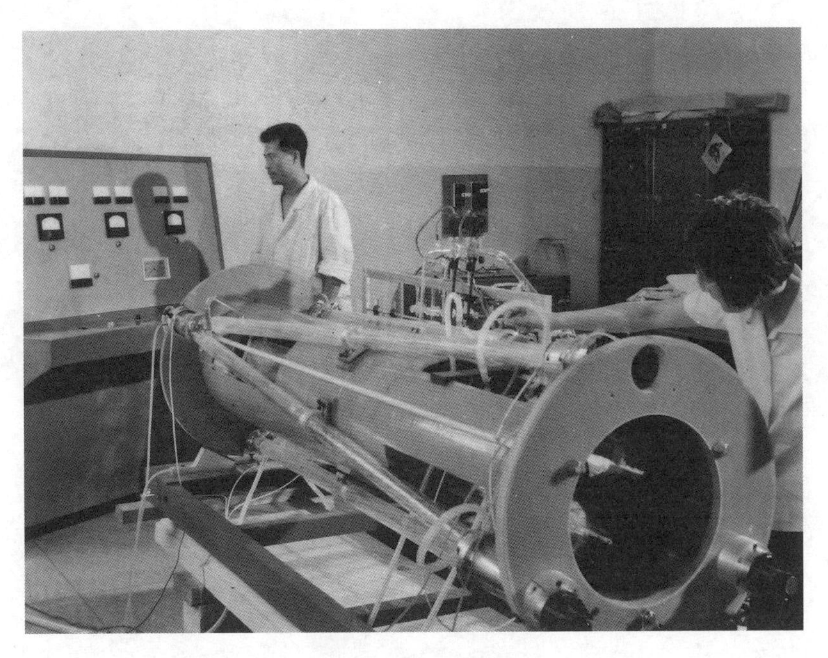

六折叠封离式CO_2激光器

研究实用化CO_2激光器加工成套设备与工艺技术。建议很快被批准，三结合小组全体人员干劲十足，几乎每天都干到夜里11点钟，家住上海的职工主动放弃乘班车回家的机会，住在条件简陋的职工宿舍，食堂师傅们也会陪着我们加班，热心地为大家送上夜餐。不到一年时间内，我们就为新沪玻璃厂提供了三折叠300瓦CO_2激光切割石英干锅成套设备与切割工艺技术；为上海沪东造船厂提供了六折叠600瓦CO_2激光切割船用钢管成套设备与技术；为上海矽钢片厂提供金属型1 000瓦横流CO_2激光焊接矽钢片成套设备与技术。为此，中共上海市委员会、上海革命委员会于1977年12月向我所发来喜报，内容是“向科学进军，上海光机所CO_2激光加工三结合研究小组光荣被评为上海市先进科技单位（集体）”。

三结合研究小组被评为上海市先进科技单位

在三结合小组全体人员的共同努力下，我们把我所在国内外率先研究出的功率1 000瓦、长10米的玻璃管式CO_2激光器改造成为六折叠和三折叠激光加工成套设备与技术，并进行了示范应用，新的激光器体积更小且便于运输。我们还创新性地研究出金属型1 000瓦横流CO_2激光器及其加工设备与工艺技术，在国内外处于领先地位，满足了工业界对更大激光功率成套设备与工艺技术的渴望。为了实现进一步发展，所领导决定，解散三结合小组，在所部成立专门的大功率横流CO_2激光器研究室和激光应用中心，专门研究成套设备与激光加工工艺技术；在开发部成立雷欧激光设备厂，专门生产1 000瓦横流CO_2激光器，满足国内市场需求。

上海光机所的相关研究，破解了世界性难题，做出了世界性贡献，有效攻克了当时金刚石锯片掉刀头，以及汽车同步齿轮用常规焊

千瓦管板式横流CO_2激光器

接变形大的世界性障碍。我所先后为深圳大兆达贸易公司提供了激光焊接金刚石锯片，出口英、法、爱尔兰等国；为常州汽车齿轮厂提供了激光自动焊接同步齿轮生产示范线；为大连机车车辆厂提供了弹性联轴节主簧片激光局部淬火成套设备与技术；为上海纺织专件厂提供了纺织钢令激光表面非晶化自动上下料示范生产线。这每一步，都走在了上光人科研报国、造福人类的初心之上，为上海光机所的气魄与胸怀写下坚实注脚。

相关研究还在直接效果之外，产生了7方面的“外溢效应”，即很快申请到了上海市用于激光加工应用研究项目拨款；1983年参加了国家科技部组团赴美考察激光热处理技术，看到美国唯一一条柴油机成套激光热处理生产线；1989年参加科学院组团赴日考察激光加工技术，我任团长，代表中国在大阪大学报告中国激光加工技术与应用推广进展，收听人数突增两倍。日本有关人士在惊讶之余给出了好评；在国家“六五”“七五”“八五”计划重点科技攻关项目中，每次都能拿到三到五个项目；每年获上海市科学院和国家科技进步奖、国家发明奖的数量均为当时各研究室之最；国家科技部组织参加“六五”“七五”“八五”攻关项目的专家，编著出版《激光加工技术》（1992年）和《激光加工工艺手册》（1998年）等书；最令我欣慰的是，上海光机所早期的激光加工成套设备与工艺技术应用示范研究成果，在国内外起到了播种育苗的作用，目前该领域正朝着激光智能制造方向发展，已成为建设科技强国不可或缺的重要工具，产业应用之广，几乎覆盖了所有制造业和高新技术领域。

参加新疆钢厂激光热处理成果鉴定会

参加冶金部组织的激光加工成果推广会

在日本参加国际激光加工会议

考察团到纽约中国驻美大使馆报到，受负责人接待

考察团在美国通用汽车公司参观座谈

上海光机所从来不畏惧长夜将至，因为火把就握在我们手中，这火把，已经传了60年，愈燃愈旺，从未熄灭。今天，中国的激光科学技术研究从上海光机所的第一代上光人开始，经过代代接力，已经打通了系统性解决方案。我很有幸，自己也是第一代上光人中的一员，我衷心希望在我有生之年能看到上海光机所被建设成为世界顶级激光科技研究中心，作为国家可以充分信赖的战略科技力量，为早日实现中国梦做出属于上光人的贡献！

生命不息，大道不止

——我的60年激光科研生涯

——雷仕湛

作者简介

雷仕湛

1941年出生，上海光机所研究员。1964年从中山大学物理系毕业，同年8月考取中科院长春光机所研究生，一直从事激光技术工作至2001年退休。1965年研制成功我国第一台CO_2分子激光器。先后获中国科学院自然科学奖二等奖、全国科技信息系统优秀成果一等奖、上海市科学技术进步奖三等奖、国家经贸委安全科技进步奖二等奖、上海市科学技术奖一等奖、上海第二届大众科学奖提名奖、第三届中国科协先进工作者称号、上海市优秀科普作家称号等。1993年获国务院颁发政府特殊津贴。

个人感悟

人一生的价值是为社会发展做成一两件事。

1964年的秋天，在这个丰收的季节，我正式以研究生的身份从长春光机所转入上海光机所学习，由此开启了之后长达60年的激光科研生涯篇章。回望这条蜿蜒绵长的科研道路，从羊肠小道走到康庄大道，我与我国激光事业的发展同歌共舞，也有幸置身于一些激光技术发展的历史时刻中。

我相信，我国激光事业发展高歌阔行的岁月，将始终风华正茂。而我走过的激光之路，不过是我国激光技术发展史上的一瞬，我的笔墨所及、足迹所至，皆是序章。

前传：别有曲折

故事要从1963年的夏天开始着笔。那年，我的母校中山大学召开学生大会，向即将在明年毕业的学生传达了教育部关于研究生选拔的改革精神，由此前的推荐改为全国统一考试选拔，我决定报考光学专业的研究生。当时只有三位教授招收该专业的研究生：一位是复旦大学的周同庆教授，研究方向为原子发光；一位是中国科学院物理研究所的张志三研究员，研究方向为原子、分子光谱；还有一位是长春光机所的吕大元研究员，研究方向为红外光量子放大器。

在招生简章上，我第一次认识到“光量子放大器”这个新名词，这个我头一回看到的新名词，它一定是个新事物，我很欢喜，于是当即决定报考吕大元研究员的研究生。但我的父母和一些同学知道后都劝我说，长春市在东北，那儿冬天的天气很寒冷，不好受的，就别考那里的研究生了，争取留在学校吧。不过，老师们则有另外的看法，他们对我说，适合自己研究发展方向的是第一位，有志气的孩子应该是不怕任何困难的，天气冷一点又有什么可怕？不是也有不少广东人在东北上大学或者工作吗？听了老师们鼓励的话，我下定了报考长春光机所研究生的决心。

1964年7月中旬，学校物理系召开毕业生大会，并由系秘书宣布毕业生工作分配名单，那个时候的大学毕业生都是由国家统一分配工作的。为了做好这项工作学校先前还召开了毕业生大会，动员大家服从国家分配，到国家需要的地方去工作，建设祖国。我一直没有听到宣读我的名字，正在纳闷时突然听到了声音："现在宣布最后一名，但他不在工作分配之列，是研究生，我们祝贺雷仕湛，他考上了长春光机所的研究生。"接着系秘书对我说："你现在到学校办公厅去，他们有话对你说。"到了办公厅时办公厅主任立即向前对我说："祝贺你哦，你考上研究生了，希望你继续好好学习，学好本领，将来能够更好地为建设国家出力。"接着，他又亲切地告诉我："长春那儿的天气与广东不同，那里冬天的气温比较低，广东在冬天穿件羊毛衣，睡觉盖条薄棉被就可以过冬天了，在长春那里可就不一样，需要穿棉衣、棉裤和盖厚棉被的。不过，这些物品学校已经为你订制了，还有打包这些物品以及托运和火车票等事，我们也将给你办理。"并嘱咐我回家准备一些行装，以及向父母做个告别，8月上旬回到学校出发到长春光机所去报到。我回家后把这些事跟父母说了，他们很激动，也很高兴，对我说："学校对你真好，我们没有想到的事学校想到了，并且也给办了，社会上一直流传着爹亲娘亲不如党亲，看来这回我们真的亲身体会到了。"爸爸妈妈同时也嘱咐我之后一定要好好听党的话，努力学习，将来好好工作，报答党的恩情，报答国家的培养。学校老师们的教导，父母的嘱咐，我一直铭记在心。

到了长春后，我在长春光机所报到时又遇到一件没有想到的事。当我走进光机所人事处的大门时，那里的工作人员笑眯眯地朝我说："欢迎我们的新同事，新朋友，新力量。"可当他们看到我出示的是研究生录取通知书时笑容便消失了，带着歉意对我说："你需要继续乘火车到上海去，你的导师在今年5月份已经去了上海，在那里的一所新办的研究所工作，我们忘记了通知你，我们失职了，真的很抱歉，对不住，我们会马上买火车票送你去上海。"就在这时一位中年人走了进来，他看出我是个新来报到的大学生，也笑着对我说欢迎我们的新生力量。当他从我手里接过通知书时，好像想到了什么事，然后对我说请暂时不要离开这儿，等他马上回来。不一会他便回来，拉着我的手往外走，边走边说随他去见王大珩所长。我到了王所长的办公室时他已经站在门口，笑着对我说："你就是我们这里来的新研究生，欢迎你。"他接着说，吕大元是他的好合作者，好朋友，亲密的朋友，在昆明光学仪器厂时便是好搭档。他还说，我也算是他的研究生了。接着他告诉我，吕先生已经在上海，他是在那里筹建一家新的研究所，属于这里的分所，专门研究一种新光源，光量子放大器。王所长又对我说："你不必着急去上海，就在这里多看看，熟悉一下这里的研究工作，认识一些这里的研究人员，这对你今后开展研究工作会有帮助。"于是，我便在这里留了下来。从这次见面开始，我和王所长便建立了深厚的友谊，在往后的几十年时间里我们不时见面，并保持着联系，他以各种方式指导和帮助我工作，是我在激光路上的指路人，前进力量的源泉之一。在这里逗留期间，我见到了许多在学校时没有见过的科学仪器和设备，也见到了这里的研究人员获得的众多科研成果，尤其是令人瞩目的“八大件”（8项重大科研成果）的展示品，还见到了他们在1961年研制成功的我国第一台激光器（红宝石激光器）的展示品。这里的人都很热情，虽然我们是第一次见面，也如同老朋友一样说说笑笑。他们告诉了我许多新鲜事，这里取得的各项科研成果，特别是那台激光器，都是科技人员在领导带领下，历尽艰难研制出来的。在1961年那个时候，国家面临着重大经济困难，粮食短缺，大家几乎都吃不饱，经常是饿着肚子干活的。前辈们艰苦奋斗的创业精神深深感动着我、激励着我，成为推动我在激光技术大路上一直朝前走的动力，也鼓舞我之后在进行关于研制一种新式激光器的毕业论文的写作时，能够有勇气克服遇到的各种困难，也敢于饿着肚子加班加点工作，终于研制成功我国第四种激光器。

上路：进入师门

9月25日，我辗转来到上海光机所报到，终于见到了我的导师吕大元先生。

他向我介绍了研究生阶段的学习和毕业论文的安排，并告诉我研究生阶段和本科生阶段的学习是不同的：以前学普通光学课程，以后要学专业光学课程；本科生有老师讲课，研究生靠看书自学。他又向我提出三项要求：其一，要学会读书，简单来说就是“把书从薄读到厚，又从厚读到薄”，读书时要边读边详细记录其中的各个论点、自己的认识、对其的评论以及从中获得的启发等，此谓“读厚”；书读过之后，能用简单的文字记下这本书的主要论点、论据和阅读收获，此谓“读薄”。吕导师还给我开列了几本经典光学专著，要求我在半年时间内阅读学习完毕。其二，要学会做实验，他说一项理论或者设想，都需要由实验来验证，设计实验方案、组建实验装置并完成实验工作，是科学家应该具备的基本本领。其三，建立自己独立的研究方向，毕业论文的研究内容不能是导师的，也不能是研究室或者研究组的。他对我说，我的研究方向是一种新型红外光量子放大器，需要自主努力完成、填补国内空白。

除学习安排之外，吕导师还给我开列了“5个不准”，规范我的生活纪律，其中一项最严厉的是——不准谈恋爱，一经发现将立即取消研究生资格。吕导师语重心长地教导我，党和国家花很多钱供我读研究生，应该把全部时间和精力花在学习和研究工作上，不能有半点分心。对吕导师的规定，我一直一丝不苟地内化于心、外化于行，在1972年之前，我一直不敢找女朋友，那时我大学毕业已经8年。

到上海不久，我有幸参加了由新成立的上海光机所在上海主持召开的全国第三届光受激发射学术会议。会上，钱学森教授的一项提议引起了重点讨论，即敲定与“laser”相对应的中国学术名称。1960年发明的新光源“laser”在我国称呼多元：有人按laser的发音称之为“莱塞”；有人按它的发光机制称之为“受激光辐射器和光量子放大器”；还有人根据它是从微波波段转到光学波段的微波激射器，将其称为“光学激射器”……五花八门的名称，给学术交流和生产活动带来诸多不便。为此，在会议前夕，《光受激发射情报》(今《激光与光电子学进展》)杂志编辑部便给钱学森教授写了一封信，请他给laser起一个中国名称。钱教授很快回信，建议把laser称为“激光和激光器”。与会代表讨论后一致同意，于是，在研究生起步之时，我有幸见证了“激光和激光器”这个新名词在我国科研界的诞生，我的研究方向，也从“分子红外光量子放大器”与时俱进变为“分子红外激光器”。激光科研的漫漫长路，从我脚下延伸铺展开来。

关卡：第一个里程碑

1965年3月，我正式投入毕业论文工作，具体内容是CO_2分子激光器研制。按有关规定，协助我实验工作的助手最高学历是中专生，于是导师给我安排了一位前一年从上海科技二校毕业的学生做助手。至1965年初，我国已经研制成功三种激光器，分别是红宝石激光器、氦氖原子气体激光器和钕玻璃激光器。而我要着手研制的正是我国第四种激光器，它与前述的三种激光器差别很大，输出的激光波长、使用的激光器工作物质以及组成激光器共振腔的反射镜等都与此前的几乎完全不同，所需要的器材、部件也几乎都无法在市场上买到，需要自己动手试验制作。

我们研制的激光器输出的激光波长主要在10微米附近，处于光谱的中红外区，因此，组成激光器的有关材料和部件都需要具有满足这个波段的光学特性，这在当时并不容易办到。例如，就构成激光器共振腔的反射镜而言，由于尚无制作红外波段多层介质膜的技术，要解决我们手中研制的激光器共振腔的反射镜难题，只能采用在光学反射镜基底上镀金属光学膜的办法，而这在当时还是一种有待摸索研究的新镀膜技术。此外，要寻找到红外透射性能好的材料，不仅要考虑光学材料性能的问题，还要解决对其进行光学加工形成光学表面的工艺问题。又如，所用的激光工作物质即CO_2气体，当时市场上仅有工业使用的产品，纯度很低，不适用于做激光器工作物质，这都呼唤着我们自己动手，丰衣足食。

种种掣肘，导致准备这些构成激光器的器材和部件的工作量相当大。又因为是第一次尝试，我们对采用什么样的工作条件才能获得激光输出都把握不准，而各个工作参数之间又彼此相关，即便能实现激光输出，如何能有效判断输出的光辐射是激光还是普通光辐射？这都需要做分析研究并准备相应的测试手段和仪器；同时，在初期的激光实验中，激光器的工作条件还未入佳境，能够获得的激光强度比较低，这也加大了探测鉴别工作的难度。

放眼整个激光器的组建和激光试验的工作计划，工作量大，遇到的困难重重。我们每天从早上7点开始工作，到晚上11点才回宿舍睡觉。不过，那时在我们所的很多研究小组里如此加班加点也是常态，晚上10点多，许多实验室依然灯火通明；由于当时还没有互联网，看书、查资料只能“泡”在图书馆，图书馆也到晚上9点半才关门。

从3月到8月，经过两个季节，我们的实验工作终于进入关键时刻。为了不间断工作，我们干脆睡在实验室。这份“以实验室为家”的精神受到了导师的表扬，导师的鼓励让我们忘了疲劳，也忘了辛苦。另外，所有加班是没有任何报酬的，连夜餐也没有。事实上，当时粮食不足，白天也很难填饱肚子，哪里还有多余的粮食做夜餐呢？饿了，就喝白开水缓解。每当此时，我都会回忆起当年长春光机所的科技人员在研制我国第一台激光器时也有相同的经历，这份精神和激励，也随我一同跨越半个中国来到上海，我何其荣幸！

大约半年之后，即在这年的9月24日，我们研制的激光器终于获得了激光输出，研制工作成功了！大家都喜出望外，研究组内、研究室内外的同事都来祝贺：我国的激光器家族里又添了新成员！这是我国激光事业的里程碑，也是我科研事业的里程碑。

同行：在科普中壮大

上海光机所在激光技术上取得的一个又一个成果，很快引来不少人慕名前来“取经”，所里对此很重视，还专门成立了一个接待小组。为了推广对激光技术的认知、研究和应用，科学家们和各级领导还提出了以一些其他方式，比如出版图书、深入基层、编写教材、走上大学讲台等。我由于背靠上海光机所这棵大树，也有幸参与了其中一些

庆祝《中国激光》创刊十周年合影

工作。

当时，国内仅有的两本关于激光技术的书，都是由外国科学家撰写、外国出版社出版的英文书，不但数量很少，读者也很少。1973年秋天，我来到位于上海绍兴路5号的上海人民出版社，与他们商量出版一本介绍激光技术的书，驻所工宣队对此表示大力支持，还组织了一个编写组，我是成员之一。由于有前期积累的知识，编写进度比较快，1974年，第一本由我国科技工作者编写的关于激光技术的书——《激光》问世，读者遍布全国。此后，所里又组织编写出版了《固体激光器》《气体激光器》《激光物理》等多种图书，激光技术的普及，一时蔚然成风。

1978年，改革开放的春风吹遍全国，电视台、报纸和一些期刊也恢复了科技方面的报道。所里动员大家积极投稿，于是，我开始走上了“烂笔头”的道路。我给中央人民广播电台先后撰写了大约300篇关于激光技术及其应用方面的广播稿，其中一部分广播稿后来还经修改补充再出版成书。中央电视台也前来邀请我合作制作关于激光技术和应用的电视片，我依旧负责撰稿。此外，我也在一些期刊、报纸上发表了不少关于激光技术的文章，尤其值得一提的是在《求是》杂志上发表的《走向实用化的激光技术》的文章，还受到一些地方领导的关注，特地来信来电询问有关激光技术和应用的事。投向激光技术的目光，就这样积少成多、聚沙成塔。

1978年4月，一些科学家提议组织一次关于全国激光技术发展状况的调查和推广工作，得到了国家科学技术委员会（简称国家科委）、教育部和中国科学院的支持，并成立了三个工作小组，由我带领一个小组负责沿京广线及其以西各省市地区的工作。我们每天从早到晚马不停蹄，从一个地方到另一个地方，从一个部门到另一个部门；口也不停，白天对外交流，晚上内部讨论当天得到的资料以及第二天将要开展的工作；手也不停，做记录、做分析、做整理。但从没有人叫苦喊累，大家满怀热情，为激光技术科研事业的推广拼尽全力。两个月后，我们回京与其他两个小组的成员一起汇报工作，领导们基于我们的调查资料，分析研究后制定出了新一轮激光技术发展规划；原先从事激光技术工作的单位又有了新进展；同时还诞生了许多新的激光技术研究单位和激光技术应用企业，同行之路上，并肩者越来越多。

20世纪90年代初，在时任国家主席江泽民同志的指示下，相关部门联合组织了国内有关专家编写一本面向各级领导干部讲述现代科学技术的教材，对我国县级以上干部进行科学技术教育。我有幸受邀加入教材编写组，负责编写激光技术的相关内容。于是，《现代科学技术基础知识（干部选读）》就此面世，各地以此向广大干部开展宣讲和教育培训工作，激光技术又得以“下沉”到我国基层。

同时期，我受邀担任中央广播电视大学（即现在的国家开放大学）物理学课程的教师，激光技术得以走上讲台，讲稿后来被收录进《大学物理（当代物理前沿专题部分）》一书中。看着激光技术发展的路上，繁花似锦、行人如织，我总不由得想：总算没有辜负党的恩情、导师的培养。

2001年，我如期退休，至今已过去20多年。人生接近尾声，但我依然行走在激光科研的大道上，继续向社会“交作业”：担任两家集团（公司）顾问，辅助开发新激光技术应用的新设备；给出版部门策划和推荐选题、撰写稿件，也继续编写出版有关激光新技术、新应用的著作，目前已出版30多本，共计2 000多万字，其中有些也荣获了奖项。

编写的科普读物

一些人对此表示不解：年纪大了还不休息，舍不得名和利吧？但我一个耄耋老人，又不能再评职称，名利对我有什么重要性呢？吃、穿、住、医，有便足够。我之所以行且不辍，是因为心中总记挂着在学校和单位时，老师们“为人民服务”的教导，党和人民对我的培养。从长春光机所到上海光机所，老一辈科学家和老干部们带头艰苦奋斗、建设国家的精神，推动着我步履不停。

生命不息，大道不止，这是我前进的方向，也是我辈“激光人”的共同心愿。

追逐「背影」的「科二代」

王莹

作者简介

王　莹

1965年7月出生于上海嘉定，1987年7月毕业于上海科技大学（现上海大学）电子材料与元器件专业，获工学学士学位。毕业后分配至上海半导体器件研究所，后调入上海电真空器件研究所。2008年1月开始在闵行区交通事故调解委员会从事专业调解工作，至今奋斗在一线，曾获得“全国调解能手”、上海市首席调解员、闵行区第一届最美“民心”职业人物等称号，被誉为“交通事故调解的女博士”。

父亲王海龙（研究员），母亲屠玉珍（高级工程师）于1963年7月毕业于吉林大学半导体物理专业，同年分配至长春光机所，1964年7月调至上海光机所，1998年光荣退休。

个人感悟

用我所长，尽我所能，服务社会。

儿子小时候经常问我："妈妈，现在外面流行'某某二代'，我们算什么呢？"每当此时，我总是自豪地说："你们是'科三代'，比其他人还多'一代'呢！"

从"科一代"建设者的执着与奋斗，到"科二代"传人的继承与发扬，如今积厚成器，惠及"三代"，光机所家属大院里的"上光家"文化，像一座永不熄灭的灯塔，指引无数后辈们前仆后继，向着成长、成才之路不断进发。栉风沐雨一甲子，薪火相传彰本色。身为"科二代"的我，看着"一代"们的背影长大，也终此一生奔跑在追逐"背影"的路上。

我与父母一同成长

1963年7月，我的父母从吉林大学半导体系毕业，一同被分配到长春光机所工作，告别"同窗"岁月，成了终身的"同事"。一年后的7月18日，他们又应召来到上海，加入了中国科学院光学精密机械研究所上海分所的"大家庭"。初到上海难免有些水土不服：这里潮湿闷热的环境让习惯了北方干燥气候的他们感到体肤难受，还有自来水中夹杂着的一股漂白粉的气味也让人难以吞咽……不过当时的他们并不觉得艰苦，被子有潮气就多晒晒，自来水喝不下去就吃棒冰替代。毕竟，生活中的困难哪里比得上科研上的困难呢？克服了一切生活难题，他们便全身心地投入到科研工作中去。

1965年的7月18日，在他们来到上海的第二年，一声洪亮的啼哭声在嘉定县人民医院响起——这是我来到世界的第一天。"二口之家"变成"三口之家"，原先简单平静的小家庭，从此多了几分喧闹杂乱，家中老人来上海帮忙了一段时间，但没多久，父母就能两头火热、两头不误，平衡好生活和工作，我也渐渐从牙牙学语到蹒跚学步，再到懵懂求学。

幼年时期对父亲的记忆，通常都以夜色为背景。有时无须只言片语，只消一个背影就能让我印象深刻。记得我读小学时，在一个闷热到难以入眠的夏夜，我看见了父亲的背影——在明晃晃刺眼的灯光下，那穿着被汗水浸透彻底的破洞汗衫，仍在埋头苦读的背影。父亲身在上海光机所，却心向国际，一直自学英语、日语，希望能在日益开放的国际环境中图得中国科研人员的一片天地。父亲坚毅的背影，成为我心底的一盏明灯，时常照亮我的奋斗之路。从小学进入中学后，我的学业越来越重，父亲也越来越忙碌。在我高考前夕，父亲仍主持着国家“七五”攻关课题，每天早出晚归，别说帮我复习功课，便是见上一面也十分难得，我的一应饮食起居、营养分配，都是母亲一手操劳。高考放榜后，我的成绩超出一本，虽然喜不自胜，但我也知道，要追赶父母的“背影”，我还有很长的路要走。

我在课本的方寸天地里一点一点地努力进步，父母也在国家战略深处一点一点地努力攻坚。20世纪80年代初，改革开放的春天吹拂到科研界，经过长期的钻研和积累，父亲又受命参加了国家863计划科研任务和国家“八五”科技攻关计划项目，并担任负责人。后来，项目取得丰硕的研究成果，其中很多都被冠以“国内首次”之名，在国际上也可谓“处于领先地步”。许多研究成果多次发表在国际顶级学术期刊上，并屡获上海市科学技术进步奖，还获得过中国科学院科技进步奖二等奖、中国科学院自然科学奖二等奖，取得若干项国家发

母亲的获奖证书

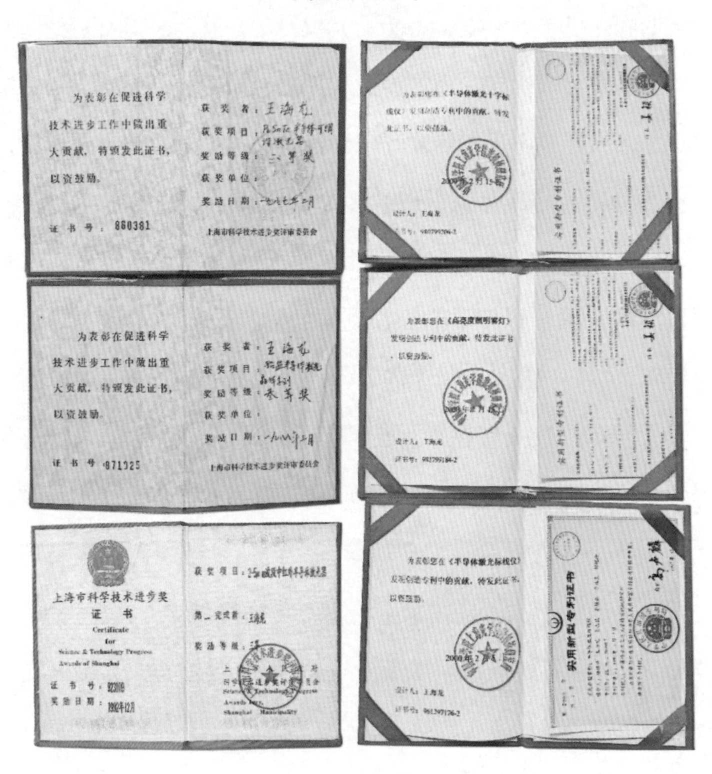

父亲的获奖证书和专利证书

明专利。父亲对我国科研事业的贡献得到了国家的“官方认证”，从1992年开始，父亲就一直享受着国务院颁发的政府特殊津贴。与此同时，母亲也“不甘落后”，几番斩获中国科学院科技进步奖一等奖、二等奖、三等奖。在生活中并肩，在科研中比肩，看着他们的背影长大的我，立志要做一个有所奉献、有所作为的“科二代”。

做不“丢脸”的“科二代”

读大学期间，父亲每周都会骑车送我去学校，每次总是一路叮嘱，要我努力学习，将光机所奋发向上的科研精神发扬光大。因此我在大学期间一直勤恳上进，不想给光机所“丢脸”。母亲也身体力行，为我树立起学习的榜样。还记得大学期间，母亲胆结石病发作，实在疼痛难忍，只好放下工作居家卧床休养。同学们来家中看望母亲，让她不要太劳累，好好休息，母亲却说：“所里科研任务很重，我只要能下地了，立马就要去科室继续科研。”同学们都惊讶极了，没想到电影里演的爱国知识分子们工作到忘我的精神竟是对现实的真实写照，我和同学们一起，在母亲的言传身教中瞄准成长进步的方向。

大学四年，我一直在学生会担任学生干部。入学第一年，我任学生会文艺部长不久，学校的大合唱比赛就拉开帷幕，在学长的帮助下，我们系最终夺得第一名！这对我来说，是荣誉，也是鼓励。于是，无论在课堂上，还是在学生会里，我始终踏实上进、积极进取，以致大学四年所用的床单、洗漱用品都由学校奖励得来，我所在的寝室也被市里评为“最卫生、最美宿舍”。

四年的大学生活很快画上句点，最终，我以综合评分第三名的成绩被分配到上海半导体器件研究所工作。在研究所里，我担任所团委组织部部长，为让所中同志“破冰”，同时加强实践、深入基层，我们组织全所青年团员开展了重走古运河活动，从杭州乘坐轮渡船沿着京杭大运河北上，一边遨游古迹、感叹先人智慧，一边观察河上航运与河岸建设，大家都将长途跋涉的辛苦抛之脑后，忙于视及万里、思接千载，收获不少震撼。

作为“科二代”，我耳濡目染了父母一辈认真严谨、一丝不苟的科研态度，也在不知不觉中将之内化于心、外化于行，成为自觉的践行者、传扬者。经工作调动，我来到了上海电真空器件研究所，恰逢所里有一个科研攻关项目，在产品合格率上“卡了脖子”，一直徘徊在20%左右，就是上不去。究其原因，材料、工艺上的问题是“罪魁祸首”。科室主任知道我毕业于材料系，就将这项攻关任务交付于我。我不敢懈怠分毫，去图书馆查阅了外文资料后，重新设置了配方，没想到一举成功！在工艺改进上，我亲力亲为，每一个步骤都仔细分析、认真对待，最终成功将项目合格率提升到96%，连所里的老一辈科研人员都对我竖起了大拇指，夸我聪明能干，也有年轻人认为我只是运气好，但我心里知道，是光机所“科一代”的钻研精神深深滋养了我，才让我有底气尝试、有硬气完成。

改革开放后，仪表局面临着关停并转的局面。由于我刚生育完，在家中休产假哺育孩子，我们研究所合并到仪表局其他厂家后，我就暂时离开了项目组。但是每当项目组遇到一些技术难题，还是有人来我家探讨，一些老同志还说我在项目组的日子是大家“最开心、最有效、最高光”的时候，对此我受宠若惊、十分荣幸，同时也不免庆幸：父母的成就我大概难以望其项背，但我应该没有给光机所“丢脸”吧！

此处“开花”，别处“结果”

“大环境”不断推进产业结构调整升级，我也给自己的“小环境”做了结构调整——我走出“舒适区”，改行成为一名销售。改革有阵痛期，转行亦如是。就像父母当初刚从长春来到上海一样，在职业转变初期，我也“水土不服”，但执着与坚韧，是“上光家”代代相传的文化基因，怎么能在我身上断掉呢？于是我坚持钻研，一边持续学习新知识，一边在新领域努力耕耘，功夫不负有心人，后来，我的销售成绩一直名列前茅。

2008年，一次偶然的机会，我开始从事专业调解工作，与法律打交道、和人民面对面。从科研人员到销售员再到交通领域的调解员，职业跨越的弧度不可谓不大。最开始，面对老百姓的一张张愁容、怨容乃至恨容，我也常手足无措，毕竟我不是学法律出身，对于相关的法律法规并不熟悉，在调解经验上是“白纸一张”。但凭借着对这份工作的满腔热忱，我愣是从一个“门外汉”成长为专业领域的“领头羊”。16年的调解生涯中，我一直坚守在人民调解工作的第一线，长期的一线工作经验积累锻炼了我的心态、磨炼了我的调解能力，我也荣幸地被大家称为“交通事故调解的女博士”。

调解不同于法庭辩论、判决，体现的不仅是法、理，更要有情。正因为意识到这一点，我对自己和工作都高标准、严要求，一定要用真情、实意、爱心感化民众，理解他们的汗水、抹去他们的泪水。这套没有方法的“方法论”，在我的用心灌溉下，终于在实践中“开花结果”：2010年，我被评为“上海市首席人民调解员”；2011年，我先后被评为“闵行区明星人民调解员”和“上海市人民调解能手”；2012年，我荣获“全国人民调解能手”称号；2013年8月，我带领的闵行区交通事故调委会被评为“全国模范人民调解委员会”，我还应邀代表上海前往北京人民大会堂参加表彰大会，并无比荣幸地受到了中央领导的亲切接见。我的人民调解之路，似乎越走越高、越走越远，但光机所中科研人员们的严谨、务实、求真的工作作风始终提醒着我，要扎根基层、不忘初心。

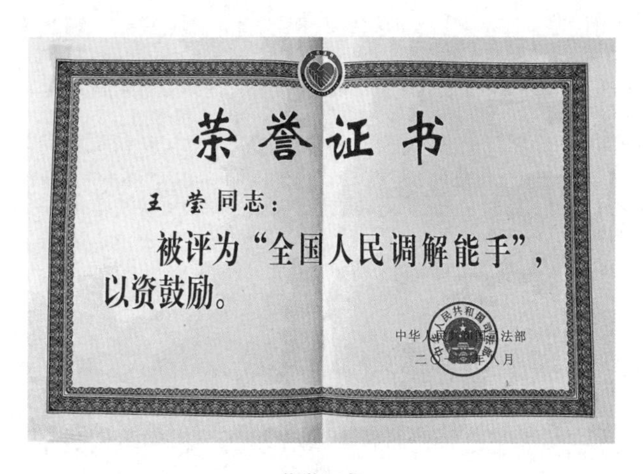

荣誉证书

王 莹同志：

被评为“全国人民调解能手”，以资鼓励。

中华人民共和国司法部

二〇[illegible]年八月

荣誉证书

调解员之外，我同时还担任了闵行区法院的陪审员，掐指一算，竟也有了10年的陪审经历。有时遇到一些比较复杂棘手的案子，法官会点名让我参与陪审。记得有一回，碰到一桩无法认定为交通事故的人身损害赔偿案件，该案件耗时长达近2年，换了6任法官都无法结案。成为此案陪审员后，我根据自身长期处于一线接触各类交通事故的经验，仔细审核当事人初诊病史记录，从医生那些“龙飞凤舞”的笔迹中找寻蛛丝马迹，最终抓住了这起事故的关键所在，让原、被告当事人及代理律师都心服口服，当庭调解结案。做一名让人民群众满意、信任、认可的陪审员，是我的使命所在、信念所向。

用我所长、尽我所能，是我传承自“上光家”的价值观、工作观和人生观。调解员、陪审员之外，我还担任了闵行人民广播电台“我来帮你忙”节目的特邀主持人，开展直播节目至今已有六七年之久了。每月一次的直播节目频次虽然不高，但对我来说，每一次的挑战都“拉满”：选哪些案例？如何在讲述得跌宕起伏的同时兼得普法的功效，用一个小案例撬动听众法律素养的“大发展”？每次上节目前，我都会将写好的广播稿交予母亲过目，母亲的见解常让我豁然开朗。从事电台直播工作以来，无数案例从我口中走向千家万户，时有来自各区的老百姓慕名前来寻求帮助，挂满工作室墙壁的锦旗，彰显着我的一路热爱、一路赤诚。

看到我发表在媒体上的文章，母亲总会第一时间点赞，在她看来，我当之无愧是光机所的优秀“二代”，但我深知，追逐父母“背影”的这条道路，且行且漫长。光机所“一代”们的高尚品质和崇高精神，我倾尽一生，也只学得一二。但这在童年时光有幸摘得、此后一生珍藏心间的零光片羽，却足以成为我服务人民、奉献社会，为千家和谐、万家幸福不懈奋斗的能量源泉。

半生追逐，仍在路上。我永远不会忘记，自己是光机所大院里走出的“科二代”。大院精神，流淌过我的一生，我也会努力使之奔涌向前，滋养出更深阔的精神腹地。

上光大院，我的精神故里

王 颖

作者简介

王　颖

1957年出生，本科毕业于上海第一医学院（现复旦大学医学院），在中国科学院上海有机化学研究所（简称上海有机所）取得博士学位，先后于上海有机所、瑞士日内瓦大学、美国加州大学洛杉矶分校等从事药学、化学、材料、光学、激光等方面的研究工作。后在美国阿波罗仪器公司主持多项高功率激光器件的研究项目及产品开发，发表了50多篇学术论文和专利，获得多个奖项。2012年作为特聘专家应邀回国，任上海光机所研究员，现任纽敦光电有限公司总经理，主要从事新一代激光器及高功率光学系统的研发。

父亲王之江，上海光机所研究员、博士生导师，中国科学院院士。1952年从大连大学工学院物理系提前毕业，来到长春参与创办中国科学院仪器馆，1964年参加上海光机所的创建工作，1978年加入中国共产党，1978年至1984年担任上海光机所副所长，1984年至1992年担任上海光机所所长。母亲顾美玲1964年进入上海光机所工作，1985年从上海光机所退休。

个人感悟

快乐源之于努力，视野源之于学习。

仿佛走过了一段很远很远的路，又仿佛只是弹指一挥间，上海光机所迎来了自己60岁的生日，我们之间的缘分也已经走过了60个年头。这60年的记忆不是抽象的，而是具体的，可以精确到一件又一件事、一个又一个人。

在上海光机所的大院里，长大了一批又一批孩子，我也有着一群一起长大的小伙伴，我们有着许多共同的记忆，但一定也在各自脑海中有一片“独家珍藏”。接下来，就让我从自己的视角出发，讲述这段难忘的岁月，以及这段岁月里，难忘的我们。

自北向南，故事开篇

细细追溯，与上海光机所的缘分其实始于长春，那东北大地田间地头的阳光、雨水、风雪——我是“上光二代”，也是“长光二代”，在长春光机所留下过许多宝贵的儿时记忆。

我记得有一个雨天，电影制片厂放电影，我被父亲的同事裹在雨衣里“混”了进去；我记得那时住的宿舍楼下，有着一片南瓜地，有着金灿灿的向日葵，还有着冬季齐腰的大雪；我记得有一年夏天父母和同事们在家属院附近的河道里抗洪；我还记得斯大林大街的喇叭会播放中国少年先锋队队歌……在光机所外，印象里有一天黄昏，我在南湖边，看到有渔民捞出很大的蚌，把肉挖出来卖。那个时候用广口瓶放点窝头就可以在湖里捞出很多小鱼。那时食物是简单和匮乏的，主要吃的是高粱米和窝窝头。黄色的窝头其实还是很香的，那种香味我长大后再也没有吃到过。

这一个个已经有些模糊了的记忆片段，拼接起我的“长光故事”，也是从那时候起，我与上海光机所的故事埋下了伏笔。

1964年，我还不到7岁，突然有一天就跟随父母登上了火车，我不知道为什么要出发，也不知道我们到底要去哪，只感觉坐卧铺的上铺还挺好玩的。有一天晚上，已经大半夜了，火车突然开上了船，后来才知道那是因为火车要过长江，而那时去上海方向的长江上还没有大桥。坐火车从长春到上海的时间非常长，所以我们在北京做了停留。我跟着大人们去了故宫，记得钟表馆里眼花缭乱的钟滴滴哒哒地走着，给时间赋予了声音与形状。在北京还见到了我的大叔，他送了我一本《汉语成语小词典》，这本小词典恰好是1964年出版的，至今还在我的书架上，这是那年搬家的纪念品。

半个多世纪过去了，我还是会常常回想起那段旅途。新奇感与疲倦感已经在时间的冲刷下不再明显，但每每想起前辈们拖家带口，并且还要搬运仪器设备，从北向南跨越大半个中国，都会感慨当时的不易与大家的伟大。就这样，上海光机所的故事翻开了书页，而我有幸成为这崭新篇章的见证者。

搬进上海光机所的时候大约是春天，大自然孕育着无限生机，生活也充满了希望与活力。当时从上海市区往返嘉定县主要靠公共汽车，单程就要一个多小时。那时候，所里在温宿路的宿舍区已经基本建好，当时上光大院的房子规格是很高的，有着钢窗、全铜的把手和结构件，楼梯是铁的结构件，扶手也是很好的木头，连楼梯的水泥都铺得比较细腻平整。在嘉定读书后我也看到许多同学住在不同地方的宿舍楼，都没有看到这样好的设计和质量。所里给职工分配的家具也是比较精致的，做了烤漆的铁床上还有齐白石老人的画。可见当时筹建上海光机所的人费了很多心思。

1964年的嘉定人口不到30万，环境很清秀，典型的江南水乡，水路纵横，没有污染，小河塘里水都很清，随便哪个河里都有着很多野生的鱼虾，水里长着现在金鱼缸里的那种水草，还有野生的菱角、蓝色的小蜻蜓和青蛙。城河里有来来往往的摇橹的大小船只，还有簖泥船，这些在现在都已经很难再看到了。那时嘉定城中建设得很好，路两边有高高的杨柳树，十分好看，人行道边上也随处可见矮矮的冬青树围着月季花。嘉定的规划可能和当时想把它建设为科技城有关系。

我生活了十几年的上光大院就坐落在这个环境里。大院里铺了平整的水泥路，路边种了柳树，楼与楼之间还种了松树和夹竹桃，环境清雅又美好。大院边上的城中路上有百货商店、嘉宾饭店、迎园饭店、粮店、邮局、体育场等，生活很方便。

上光伙伴，快乐童年

上光大院有许多孩子，具体多少我还真没数过，我们年龄不一，但朝夕相处。初期的上光子弟们有个最大的共同点，那就是父母大多是从长春来的，所以都操着东北口音，说普通话也比较标准，以至于后来搬进大院的孩子很多也就“入乡随俗”说起普通话。那时候学校里还没有要求说普通话，所以这群孩子就显得比较特别。

9月，我和大院同龄的小伙伴们开始去嘉定中心小学上一年级，每天早上结伴经过东大街去学校。那时老街上店面的大门都是用门板拼成的，早上一块一块拿下来，晚上再一块一块装回去。街上有箍桶的、编筐的等各种铺子，烟火气十足，木头伴随着桐油的气味我至今仍然记得，工匠们精致的手工产品更是给我留下很深的印象。大概二年级开始，大院里上小学的孩子们都转到了启良小学（后更名为城中路小学）学习，这样离家就更近了。至少从我姐姐那时开始，大院孩子就都到嘉定一中上中学了。那时候温宿路很短，向东出了宿舍区过了菜场不久，铺的水泥路就到头了，在那里经由一座石桥跨过一条小河，然后沿着田间的小路走到嘉定一中是最近的。现在想想，那时大院的孩子大多是我小学和中学的校友，肯定很多人和我一样在上学路上学到了些农业知识。

大院的孩子们许多都因为父母在上海光机所工作而感到骄傲，毕竟那是嘉定的一个大单位，而且里面都是做研究的。那时候的光机所对小孩相对宽松，报一下家长名字就可以进去。我母亲在东楼上班，父亲在西楼上班，我东楼去得多一点，因此总觉得西楼更神秘。光机所的实验室和走廊里总飘着擦镜片的溶液的气味，光学车间里则有着汽油的味道，后来知道这和清理镜片有关。实验室的人穿着大褂认真工作的样子，让我深受触动。

所里的许多研究人员在家属院都是低头不见抬头见的叔叔阿姨，或者哪个小伙伴的父母。尽管那时什么都不懂，他们也都参与了我早期的人格养成、三观塑造与科学启蒙。有一次，我在东楼院子里玩耍时被马蜂蜇了手指，一个阿姨赶紧把我带到实验室里涂了点氨水止痛，所以，我早早就认识了氨水并闻到了它刺鼻的味道。那时在光机所垃圾堆捡到的电木片和有机玻璃对我算是材料科学最早的启蒙了。那时候还把有机玻璃叫做香玻璃，因为它在水泥上磨一下就可以闻到一股香气。

儿时的记忆中感觉父母很少在家，总是在工作或者开会，父亲就算回到家也是一直在计算、工作。我家的家教比较严，一般不允许出去玩，放学就在家待着，看书做功课。那个年代大家读书好像都是靠自己的，没有辅导班之类的东西。上中学时，嘉定一中对教学抓的比较严格，但我们依然没有感觉到太大的压力，就算偶尔考试成绩不好也不会有什么严重后果。于是少年们有大把的时间“享受生活”，总是趁着家长不在家就溜出去玩，也因此挨过不少骂。

上光大院的孩子们之间的关系还是比较融洽的，大家在一起总有玩不完的花样——收集香烟壳、打弹子、打啪叽、钉橄榄核、做陀螺、打菱角、玩攻城、玩斗鸡、玩“嘎啦哈”（长春来的孩子大概都知道这是什么），后来又开始自己剪纸、弯鱼钩、熔铅坠儿、做鱼竿钓鱼虾、做面筋抓知了、做弹弓、做链条枪、钉铆钉做电路板做晶体管收音机等，动手能力都是那时候培养起来的。特别快乐的事就是和大院孩子结伴一起去所里看露天电影和看电视了。那些年功课不多，所以看了很多小说，每当有本好书就会在孩子间借来借去轮着看，直到谁也不知道书最终到哪里去了。

十分幸运的是，我的小学班主任杨老师和中学班主任唐老师都是非常好的语文老师，我特别喜欢听唐老师抑扬顿挫地读古文或讲苏联历史。尽管中学时代学校教的数理化内容有限，但生活在上光大院的环境里，从小耳濡目染，还是培养了我对科学的兴趣。二年级的时候父亲从北京背了一套《十万个为什么》送给我。那是非常好的一套书，现在我还保存着。同时背回来的还有两本精装大部头的翻译书，一本叫《科学（物理，化学，天文）》，另一本叫《技术，人类改造自然》，印刷十分精美，这两本书的封面都是瑞士画家汉斯·厄尼的作品，书的内容非常丰富，我翻看过很多次，印象颇深。后来在瑞士留学时，有一次在一个大的购物中心外墙上看到一幅巨型的画，我一眼就感觉这是厄尼的风格，又想起了这两本好书，后来一打听这幅画果然是他的作品。那时候我还买了很多本《少年科学》，甚至依样画葫芦做点小实验，但只是为了好玩，很难说学到了什么，直到进入大学才真正开始主动并且系统地读书学习。

上光缘深，一生相伴

虽然对上光大院感情深厚，但不断长大的我们，总要不停地学着告别。我考上了大学，进入上海第一医学院医药专业学习，毕业后又考进了上海有机所攻读研究生，研究方向是有机合成和新有机化学反应，拿到博士学位后就出国了，先是去了瑞士做博士后，主要工作是研究简化青蒿素分子，合成新的衍生物做药物研究，目标是降低应用成本，改善药物效果。后来又去了美国加州大学洛杉矶分校做有机反应机理方面的工作，然后去了一家美国公司做催化剂的研究以及高分子结构设计，用分子结构的设计来改变高分子材料性能，当时通过这个方法设计并做出了世界上最硬的塑料，这个材料除了优异的力学性能和热性能外还具有光学非线性特点。这个光学特性以及由此申请到的项目把我带进了光学的领域，并最终进入美国阿波罗仪器公司全力投入光学和激光的研究工作，开发出一套高亮度半导体激光技术并在这个基础上推出了一系列得到行业认可的高亮度高功率半导体激光产品。

十年前，我作为国家特聘专家应邀回国，以研究员身份落户到上海光机所，目前管理一个公司的激光产品业务，转了一大圈又回到光机所真可以说是缘分不浅。我从中学毕业后就离开，兜兜转转，最后又回来，嘉定已经发展到很多地方我都不认识了，上光大院也已经换了面貌。但只要走在大院里，我依然能感受到满满的亲切与心安，仿佛在一草一木、一砖一瓦间，还是能看到少年时光的美好经历，虽然来往的人中已经完全见不到熟人了。

后来，在大院群聚会的时候，我终于又一次见到了已经分散在天南海北的大院伙伴们。大家在畅叙恳谈间仿佛穿越了时光与岁月，纵然都在离开后各奔东西，但心中总有一条线，连着我们这些远飞的“风筝”。有人说，上光大院真是个神奇的地方，让这么多孩子在这里成长成才，其实啊，院子就是个普通的院子，真正“神奇”的是这里的氛围与气质，这正是上海光机所的底蕴与精神所在。扎根历史土壤，向着天空生长。上海光机所这棵大树已经长出了60圈年轮，未来，一定还会更加粗壮高大，并且不断地枝繁叶茂、开花结果！

上光精神我家传

——我们家的「一代」和「二代」

——乔鸿晶

作者简介

乔鸿晶

1965年7月31日生，1986年从上海大学专科毕业，1997—1999年在伍斯特州立学院攻读计算机学士学位，长期从事互联网和金融服务工作，现任南京意云信息科技有限公司副总经理，负责公司日常工作。

父亲乔福堂，原上海光机所设计11室秘书，1964年12月进入上海光机所工作，1996年10月从上海光机所退休。母亲王永兰，原上海光机所仓库保管员，1964年12月进入上海光机所工作，1983年5月从上海光机所退休。

个人感悟

一代人有一代人的青春，没有哪代人的青春之路是一帆风顺的，青春的底色永远离不开“奋斗”两个字。

家，是温暖灵魂的港湾，是遮挡烈阳的大树，是拂去疲惫的清风，是漂泊游子心中永远的牵挂……如此抽象的“家”，却在每个人的心中都有所特指。于我而言，上海光机所大院就是这样的存在。

一甲子岁月峥嵘，上海光机所即将迎来六十华诞。与国同行的上海光机所，是国家上下奋发图强、繁荣强盛的缩影；而与光机所同龄的我们，是光机所筚路蓝缕、一路风雨一路歌的见证者。我自豪，因为我是上海光机所的“科二代”；我幸运，因为我生于此、长于此，后来，虽走遍五湖四海、看遍天涯海角，仍旧魂牵梦萦于此。

我们家的全家福

“一代”妈妈：平凡又伟大

只有小学文凭的妈妈，在我心里，却是最善良聪明、最能吃苦耐劳的人。按照现在流行的话来说，妈妈应该算得上是个“养成系”：从农村的供销社包苹果干起，一路成长入党，晋升为长春市第一百货店的部门经理，还曾被评为“长春市劳动模范”。这看似“开挂”的人生，却是她一步一个脚印走出来的。

1965年，手里牵着2岁的哥哥，肚里怀着我，妈妈跟随爸爸坐着大轮船，在海上漂泊数日，来到了“大上海”，成为上海光机所建设大军中的一员。当时从五湖四海而来的建设者们，大多也是如此拖家带口。建所之初，一切都需要安排布置，尤其是这些不同年龄段的孩子们，倘若安顿不好，大人们就无法全心全意地投入建设中去。妈妈就在这时挺身而出，领头承担起保育员的重任，尽心尽力做好后方工作，为在“前线”奔忙的所内职工免去后顾之忧。在妈妈无微不至的照顾下，那段时光成为我们“科二代”共同的幸福记忆。

随着红卫幼儿园的建立，孩子们有了更好的教育环境，妈妈也被调到所里的重要岗位——仓库保管，从此一直干到退休。小时候，印象中的妈妈有一大串钥匙，虽然不知道它们的用处，但那时候的我以

妈妈和托儿所幼儿的合影

为，一把钥匙就是一处“秘密”所在，妈妈掌管着这么多秘密，真了不起！后来才知道，妈妈保管的根本不是什么秘密，而是所中各个科研室需要的成千上万种配件。这份工作也不如我想象中“光鲜”，而是极为烦琐复杂——妈妈经营管理着配件“大超市”，必须要把所有物品分门别类整理好，还要定期清点盘货，以便在有人来领物品时，能以最快速度找到并分发出去。要想做好这份工作，需要高度细心且具有极强的耐心和责任心，妈妈就这样日复一日、年复一年地工作，总能出色地完成任务。

在外在内，妈妈都是“井井有条”的代名词。在那个工资有限、物资匮乏的年代里，每个月，妈妈都会拿出十元钱邮给远在大连老家的爷爷；每年春节，妈妈都会自己动手给全家人裁制新衣服、新棉鞋。后来，妈妈还为我们的小家添置了三门大衣柜、五斗橱、“三转一响”以及一把小提琴，生活也变得愈发有声有色、红红火火。

1983年，工人编制的妈妈到了50岁的退休年龄。想到即将离开热爱的工作岗位，一向坚强的妈妈难过得大哭了一场，我从未见过她如此失落。光荣退休后，她还是闲不住，又主动参加了社区工作，继续挥洒热情。

2021年，妈妈荣获党中央首次颁发的“光荣在党50年”纪念章。颁奖仪式当天，妈妈早早换上新衣服、戴上大红花。当闪亮的纪念章挂上胸前时，她激动得热泪盈眶，脸上的皱纹中写满了自豪——这是何等的光荣！今年，妈妈已经91岁了，患上了阿尔茨海默病：看着女儿叫“妹妹”，看着儿子叫“弟弟”，甚至看着老公叫“爸爸”。很多人和事都已混淆不清，但是她却能清晰记得自己曾经在上海光机所

妈妈佩戴着“光荣在党50年”纪念章

工作过，在那里担任过仓库保管员。即便脑萎缩也无法抹去的记忆，定是妈妈平凡又伟大的一生中最引以为荣的时光吧！

“一代”爸爸：赠岁月以热爱

如果说妈妈是家里的“物质支柱”，那么爸爸就是家里的“精神支柱”。奉行“吃亏是福”人生哲学的爸爸，性格最是温润包容、说话最是风趣幽默。他常身体力行地教导我和哥哥：世上没有绝对的“吃亏”和“占便宜”，有时占小便宜吃大亏，有时吃亏却焉知非福，所以要脚踏实地，不要贪图捷径。

记忆中的爸爸经常出差，一走就是几个月。我每天都期待着放学回家后，能看见桌子上放着一个旅行包，那意味着爸爸回来了！每次去不同的地方出差，爸爸都会给我们带回当地的土特产：有北京的大虾酥糖，皮薄酥脆，糖馅层次分明，十分香甜可口；有广州的水

爸爸在五七干校

果糖，花花绿绿的玻璃纸里包裹着五颜六色的糖果，酸酸甜甜，一口下去果香满满；还有福建的拷扁橄榄，果形硕大、果肉甜糯，还带点异香……就算是去离家近的市区出差，爸爸也会带回鸡蛋面包，有时“奢侈”些，给我们带块奶油蛋糕。每每回忆起“童年的味道”，我总忍不住流口水。

即便爸爸每次出差回来都能让我一饱口福，我还是不舍得和他分开那么久。记得我小学一年级时，爸爸因为支气管扩张咳血，只能在家休息，我那时虽心疼爸爸，却还暗暗窃喜——总算可以和爸爸朝夕相处了！不过不久后，爸爸身体恢复了，又投入到繁忙的工作中。

爸爸一直如此忙碌，但爸爸究竟做什么工作，我也是长大些才知道。原来，他主要搞机械设计，有时也搞光学设计，先后参与了所里许多重点科研项目，其中有一项便是具有突破意义的“神光Ⅰ”（激

爸爸和同事们

光12号实验装置）的研制工作。前段时间，我给爸妈家装修房子，翻出了厚厚一摞证书——一张张省市级乃至国家级的获奖证书，是爸爸和他的同事们一生的写照。

爸爸常说，要热爱工作，才能享受工作带来的乐趣。据所里同事说，爸爸设计的图纸下到加工厂，只管放心加工，不会错一分一厘。爸爸对工作的尽心尽力、认真负责可见一斑。有一次，爸爸给外单位做设计时，在提设计要求的工程师自己都认为没有表达清楚的情况下，爸爸竟然分毫不差地设计了出来，实在令人叹服！

热爱可抵岁月漫长。退休后，爸爸返聘回所里继续工作，一直干到75岁，真正可谓是把毕生的才华和精力都贡献给了上海光机所。今年，爸爸88岁了，身体日渐虚弱，也为阿尔茨海默病所困，从前做着最为精细工作的人，如今连起夜需打铃这样一件小事，都常常忘记怎么做。但和妈妈一样，一聊起上海光机所，聊起同事们，都如数家珍、记忆犹新，脸上还会洋溢出幸福的笑容。爸爸和与他同样兢兢业业的上海光机所初创“一代”们，就像是一束永不消逝的激光，照亮着无数后来探索者们前行的道路。

“二代”哥哥：“别人家的孩子”

我的哥哥乔鸿亮，从小就一直是“别人家的孩子”，是我们很多人打小就被要求学习的对象。哥哥聪明好学，尤其擅长英语。小学四年级时，就被选拔进入上海外国语学院（今上海外国语大学）附小学习，那时我只能隔周周末见到哥哥。所里的长辈们都很喜欢他，很多次哥哥从附小回家，都会搭乘王德庆叔叔开的大卡车，看起来真是帅气又拉风，让小小的我羡慕了许久。

“二代”的成长经历中，总是遍布着“一代”们的身影，他们或和蔼亲切、或高大可敬，在那个色调远不如现在光亮的年代里，为我们的成长生活增添了不少色彩。记得“文革”时期的一年暑假，爸爸结束了在奉贤五七干校的劳动，所里组织家属去接“爸爸们”回家。于是，我和哥哥一起坐着大客车去了，一路跋山涉水，虽然辛苦，但也新鲜快乐。到干校时已是中午，哥哥看到一旁有一条涓涓小河，突然心里一痒，就想跳进河里玩耍。正好此时邓锡铭叔叔路过看见了，就招呼着哥哥一起跳进了河里，一时水花四溅，邓叔叔用肩驮着哥哥，二人在水里畅游，笑容灿烂，我也跟着心情雀跃。接到了“爸爸们”后，在我们回程的路上，蔡英时叔叔起了个调，带领着大家一起合唱电影《青松岭》的主题曲——《沿着社会主义大道奔前方》，车轮滚滚，歌声昂扬，我和哥哥一起放声歌唱，这些青春美好的瞬间，在我的脑海里定格成了永远。

“一代”们不仅乐观阳光，温暖了我们的童年岁月；还热衷学习、渴求进步，为我们树立起生动的榜样。那个年代，学习英语这件事不像今天能光明正大摆上台面，得偷偷地说、暗暗地学。为了早日与国际对话，邓锡铭叔叔组织了英语兴趣小组，就这样，一群好学的长辈们开始利用周末的闲暇时间聚在一起练习英语对话，哥哥因为英语好，有时也加入其中，还总能和叔叔们一起谈笑风生。从这样一个不成规模的英语兴趣小组里，走出了不少走向国际的人才。改革开放后，参加过兴趣小组的很多位叔叔都出国深造了，哥哥也将自己的英语特长“发扬光大”，不仅考入上海外国语学院，还在毕业后成了大

一家四口

爸爸、哥哥和我

学英语教师，后来也出国留学，一直读到博士。

随着互联网的普及发展，哥哥也开始转行跨界，进入互联网工作，但无论在什么行业、从事什么工作，哥哥对工作和生活的热爱和热情，跟爸爸如出一辙。当然，对我的疼爱也跟爸爸是一样的——小时候，哥哥会在校门口接我放学，把不舍得吃的糖果留给我吃；我上了大学后，哥哥还会带我去市区购物，给我添置漂亮的衣服。虽然他是“别人家的孩子”，但在我心里，只是我家“最好的哥哥”！

“二代”我：“丑小鸭”也有梦想

作为家中最小的“二代”，我总觉得自己是妈妈从垃圾桶里捡来的——不如哥哥好看，也不如哥哥聪明，跟哥哥比起来，我就像一只“丑小鸭”！每次当我愁眉苦脸地这么一问，妈妈都会哭笑不得。后来，“丑小鸭”渐渐长大了，我才慢慢认清生活的道理：为什么要每天纠结自己好看与否、聪明与否呢？活出自己的精彩人生，才是最重要的！不过，在童年时期，虽然这些幽思偶尔困扰我，但大院里的生活记忆，总是欢声笑语更多。

印象中的光机所大院，路不拾遗、夜不闭户是常态。家家户户成日里敞开大门，走家串户已经成为日常生活里的一部分，互相蹭饭也再寻常不过。到了晚上，大人们总要开会学习，小孩子们就成群结队地在院子里疯玩，这时候每个孩子都有“多动症”，打打闹闹、蹦跳嬉戏，根本停不下来，而我通常就是这群“皮孩子”中的一个。尤其是在夏天晚上，满院子的大人、小孩一起坐着乘凉，听着大人们讲故事、说笑话，好不有趣！我那时总奇怪，大家明明每天都做着差不多的事，怎么会有说不完的新鲜话题呢？

随着所里的建设发展，大院里的经济条件也“水涨船高”。先富裕的家庭购买了彩色电视机，这成了左邻右舍小朋友们的“快乐之源”，一群小脑袋时常聚在一起，目不转睛地盯着电视机：有时是孙悟空大闹天宫；有时是聪明的一休一边在脑袋上画圈圈一边说“休息，休息一会儿”。所里也开始定期在食堂里放电影，大多是一些纪录片、样板戏不停地循环播放，虽然种类不多，但大家最爱一起感受放映的氛围。放映前，大伙通常互相问候、逗趣孩子，惹得笑语连连。这些现在想来有些枯燥的文化生活，在那个不太富裕的年代，为大院送来了太多的幸福时光。

小时候，我最喜欢的节日就是过年。由于当时实行的是计划经济，物资都要凭票证购买。每当临近春节时，就能在路上看见许多同龄小朋友们拿着各类票据排队买年货，成为一道格外热闹的风景。这一时节，也是来自五湖四海的大院人们“各显神通”的时候，每家每户都会根据家乡风俗做各地美食，“十八般武艺”齐上阵，“厨艺大比拼”让人口水直流。吃饺子、穿新衣，还有孩子们最爱的——放鞭炮！除夕夜里，噼里啪啦的鞭炮声、小孩子们的喊叫声、大人们的祝福声声声入耳，大院的“二代”们，就这样一岁一岁地长大成人。

步入初中后，我开始把重心放在了学习上，一路考进了上海科专学习电子测量技术。1986年，我毕业后进入了上海科仪厂，成为一名工程师，后来，我还有幸到卫星发射基地工作，为发射火箭、卫星保驾护航。虽然不如哥哥那么聪明，但相比哥哥的职业道路，我的职业轨迹倒更像是“科二代”，也算得上继承了父亲的部分

“衣钵”吧！

时光辗转，走出光机所大院多年后，缘分又指引着我回到了这里——在爸爸的牵线搭桥下，我和在光机所读研究生的蒋新力结成了夫妻。后来，我们一起出国奋斗，还参加了光机所的海外同学会，参加者甚众，久别重逢的大家无不心系光机所的发展现状。

虽然身处海外，但我们始终不曾忘记自己的根在中国，“家”在上海光机所。2012年，我和小蒋回到了国内，希望用在外学得的先进科学技术报效国家，就像光机所众多优秀的前辈们所践行的那样。一路走来，我“笨拙”地沿着“一代”们的道路前行，我知道，我不是最聪明的“二代”，但我希望能将“一代”们的精神品质传承发扬，尽我的绵薄之力，续写父母的期望、上海光机所的梦想！

我们这一家人

情深嘉定长相思

——刘蓉晖

作者简介

刘蓉晖

1968年出生于上海，1980年至今，工作、生活在北京。

父亲刘顺福，浙江上虞人，1930年1月出生。1952年毕业于清华大学物理系，1957年留学苏联列宁格勒化工学院，1961年获得物理副博士学位。1964年由长春光机所调入上海光机所，副研究员，曾任五室主任。1977年7月因病去世，享年47岁。母亲袁刚，河北徐水人，1933年7月出生。1956年毕业于北京大学化学系，1959年留学苏联列宁格勒化工学院，1963年获得化学副博士学位。1964年由中国科学院长春应用化学研究所（简称长春应化所）调入上海光机所。1980年调入北京化工研究院，教授级高级工程师，享受国务院政府津贴，现退休，居住在北京。

个人感悟

时光，不再是尘封的历史，而是青春的记忆。

1968年，我出生于上海市，人生一开始就与上海光机所紧密联系在一起。我的父母是所里第一代职工。1964年，光机所筹备成立之时，他们夫妻二人就从吉林长春来到上海嘉定。父亲刘顺福从长春光机所调入，母亲袁刚作为家属，从长春应化所调入。非常遗憾的是，父亲于1977年因心脏疾病英年早逝，我和哥哥也在1980年随母亲回到北京生活。虽然只在光机所大院里生活了12年，在那里读了幼儿园和小学，但时至今日，那里的每一天都充满着温馨的回忆，一股浓浓的亲情暖流荡漾在心间。

我的父亲

我的父亲刘顺福，浙江上虞人，他是刘家兄弟姐妹中学习最好的，是我奶奶的骄傲。1952年，他从清华大学物理系毕业，分配到长春中国科学院仪器馆。1957年，被时任馆长王大珩派往苏联列宁格勒化工学院学习。1961年，他获得物理副博士学位后，回到已经更名为中国科学院长春精密机械研究所的原单位工作。1964年，他又服从组织安排，来到新成立的上海光机所。1977年，我9岁时，他因病离开了我们。如今已过去47年了，父亲的形象仍在我的脑海与心灵中留有深深的烙印。与很多老一辈人不同，父亲不重男轻女，反而对女孩子格外宠爱，不仅仅对我，对我们家族的其他女孩以及邻居家的小姑娘，都十分慈祥、温柔、体贴。这与他一直与人为善，真诚待人的性格是契合的。

父亲曾担任过五室主任，常出差开会，每次回来都给我带小礼物。有时是会眨眼的洋娃娃；有时是漂亮的衣裙；有时是奶油蛋糕

父亲刘顺福

或糖果点心。记得有一次，父亲给我带回了一架儿童小钢琴，红色木制的，我可喜欢了，对它爱不释手，在小朋友们面前显摆了许久。我还学会用单手弹奏《我爱北京天安门》，音质还不错呐。可惜经过多次搬家，小钢琴没能保留下来。

记忆中的父亲是个严肃的人。虽然很宠爱我，但要是我不听话，他批评起人也是蛮凶的，大大的眼睛一瞪，我的泪水就噗噗落下。我家的家规也很严格，比如，吃饭时不能说话，不能吧唧嘴，双手要扶着碗等。正如俗语所说的“食不言寝不语”。

父亲工作勤勉敬业，加班加点是常事，对自身要求特别严格。他因为小感冒引发心肌炎住院，经过治疗病情稳定了，医生和家人都劝他在家好好休息，但他一出院就全身心扑到工作上，熬夜做科研成了常态，没能好好休养，导致心肌缺血再次入院，却没想到这次他没能再回到大院。第二次入院前，我家来了许多叔叔阿姨，有所里领导、室里领导、医务室大夫和同事邻居，他们聚在我家外屋开会，商量怎么把父亲转送医院；母亲去陪护，家中老小怎么安顿……大人们让我在里屋陪着父亲，一有情况就马上出来报告。父亲躺在大床上，看起来很虚弱。在书桌旁写作业的我会时不时问他难不难受，要不要喝水。这一幕场景我至今仍不能忘怀，我感受到所里领导对职工的关爱，同事们对我父亲的关心，看来父亲的人缘很不错。

邻里情深

2017年4月清明，我和哥哥回嘉定扫墓，在嘉宾饭店见到了郑连生叔叔和王丽华阿姨。他们是我家的老邻居，郑叔叔参加过抗美援朝战争，同我父亲曾是一起搭班子的同事老友，时任室支部书记。他有着丰富的党支部书记经验，也和我母亲搭过班子。他还善于做思想工作，曾为母亲的课题研究出点子谋方案。在郑叔叔的记忆里，我父母都是从苏联留学回来的，当时两人还挺时髦，20世纪60年代在长春工作时，我们两家相隔一条河，上下班途中，他总能看到我父亲穿着大衣，我母亲穿着布拉吉，特别显眼，特别帅气漂亮。

父亲和我

在叙旧聊天中，他回忆起为我父亲两次“走后门”的往事。第一件事发生在父亲生前。20世纪70年代初，我父亲身患心肌炎住院，为了帮他补身体，他跟中药店搭上了几个熟人，弄出一包东北野山参须子，野山参是那时最好的滋补品，很难找到，是救治心脏病最好的补药。郑叔叔说，我父亲喝下参须子煮的水，立马人就精神了。第二件事发生在父亲身后。郑叔叔为我父亲遗体火化走了后门。1977年7月2日父亲因病在华山医院去世。几天后的追悼会在上海龙华殡仪馆举行，因为在龙华排不上队，父亲的遗体是当日运回嘉定火化的。头一天，郑叔叔找到当时办公室办事员徐德祖叔叔，因为徐叔叔和嘉定殡仪馆的人是邻居，提前给殡仪馆的同志打了招呼，排上了队。郑叔叔坦然地说，这辈子别的后门没走过，这个后门是走过的。这份深厚的友情、亲情，我无法言表。

在幼小的记忆中，还有一件事让我感受到了深厚的邻里情。1976年唐山大地震后，我们在上海也十分紧张，大家也做足了应急预案。那时候我家比较特殊，父亲生病住院，母亲在医院陪护，我和哥哥留在家里，家中还有骨折瘫痪在床的奶奶，平日里是家中雇佣的阿姨照看我们老少三人。邻居叔叔阿姨们便主动到我家安排突发情况的分工：一旦发生地震，安排专人和我家阿姨抬奶奶下楼，并嘱咐我和哥哥晚上要穿着衣服睡觉，我只需负责抱着装满食物的铁质饼干桶往外跑。后来有一天晚上，邻居家的叔叔来敲门把我们叫醒，我听到外面在喊“地震了，快跑啊”。紧张之中，我按计划提着尼龙袋里的饼干桶往楼下跑，因为个子小，饼干桶与楼梯台阶相蹭，不停地发出“咣咣”的碰撞声。虽然后来证明那是一场虚惊，但这件事还是让我颇为感动，至今仍然记在心里。

快乐往事

我与嘉定之缘，不仅因为我的父母是上海光机所的第一代职工，我小时候生活在所里的大院里，也因为我的外婆是嘉定人，她的弟弟廖家礽是共青团嘉定县工委第一任书记，是领导并参加“五抗”斗争的烈士，牺牲时年仅19岁。儿时记忆中，每年清明节，母亲总会带着我和哥哥去烈士陵园或马陆祖坟扫墓，我们兄妹从小就接受爱国主义教育。20世纪70年代，我的家境比较好，家中雇用了一位阿姨照顾我奶奶，也没有为吃穿发过愁。王丽华阿姨提起当年在嘉定楼上楼下的邻居时就会说：“你妈可舍得给你们吃了，那个时候，谁家能吃上水果是条件最好的了，你们家小孩都会啃着苹果到邻居家串门。”

1972年全家在苏州

现在想想那是挺奢侈的事儿啊！

我的父母属于学识渊博的知识分子，有着深厚的国学底蕴，在那个年代可算得上是上知天文、下知地理。他们都十分和蔼友善，同事邻居的孩子们都喜欢到我家玩。父母留学苏联时，带回来一些苏联的幻灯片，他们利用小孔成像原理把这些幻灯片放映在家里的白墙上，给小孩们讲许多苏联的故事。比如，苏联的冬宫、冬宫中展示的艺术品以及契诃夫的小说《万卡》等，孩子们都特别喜欢听。有时候大家会围着问各种问题，父母也会很耐心地进行解答，让我们知道了许多书本上没有的知识。

如今聊起往事，回忆起那个年代的点点滴滴，大家都能娓娓道出许多记忆中的故事。在他们眼中，我父亲人好、能干、有事业心、热心肠，而在我印象中父亲是非常严肃、话不多、回家读书看报不管家

当年的小伙伴（从左至右分别是郑艳辉、我和刘卫东）

务事的人，然而就是他，能把左邻右舍聚在我家，每天开开心心、热热闹闹。

让大家最为津津乐道的事情，就是当年上海光机所为照顾病休疗养的父亲，给了一台9寸黑白电视机指标（全楼仅有2台，另一台在所长刘颂豪家）。自从买回电视机后，我家就成了小电影院，毫不夸张地说，每天男女老少自带板凳来我家看电视节目，并自觉坐成三四排。那时电视频道少，调台是手动的，尽管人群中有爱听戏曲的、有爱看枪战片的、有爱看动画片的，但男女老少都选择一起看一台节目，大家轮着看，没有人喊换台，也没发生过矛盾。那时电视看得时间长了，出现雪花，就要拿扇子扇，小孩子们都轮流干这事，可高兴了。在那个年代，电视信号也不太稳定，为了能看到清楚的电视节目，我父亲就等着表哥们回嘉定看外婆（我奶奶）时，让他们爬到五层楼顶上去室外调天线，旋转不同角度，父亲负责在二层屋里调电视机上的接收杆，当时没有对讲机、手机，楼上楼下靠着是大嗓门对话。大牛表哥回忆道："那时你哥年纪小，你爸心疼儿子，不舍得让他去爬楼顶的，每到周末等我们来了，让我们上楼顶去干危险的事，好偏心的！"

时过境迁，如今我们的生活好了许多，日子越来越舒坦了，我真诚地希望我的那些邻里亲朋健康生活，幸福快乐！也祝愿上海光机所的明天越来越好，创造出更多辉煌的成就！

我的大院「烟火」

——与上海光机所家属大院同行的六十载

——李兰 惠风

作者简介

李　兰

1963年出生，1984年毕业于北京商学院，高级经济师。曾就职于百联集团下属企业，从事商业管理工作，现已退休。

惠　风

1963年出生，1985年毕业于大连铁道学院，高级工程师。曾就职于上海铁路局下属企业，从事企业管理工作，现已退休。

李兰父亲李起洲，曾为上海光机所干部，1964年进入上海光机所工作，1973年离开上海光机所。母亲王翠华，曾任上海光机所党支部书记，1964年进入上海光机所工作，1988年从上海光机所退休。

惠风母亲郑玉霞，上海光机所研究员，1964年进入上海光机所工作，1997年从上海光机所退休。父亲惠令凯，上海光机所科研人员，1964年进入上海光机所工作，1982年离开上海光机所，1999年去世。父亲徐振华，上海光机所研究员，1969年进入上海光机所工作，2004年从上海光机所退休。

个人感悟

人若无恙，则岁月静好；心若向阳，则时光欢畅。

在一个平常的日子，幼时一同长大的玩伴突然来电，说上海光机所即将迎来60周年华诞，我才恍然，那个无论走到哪里都是“家”之所在的光机所家属大院，已经春华秋实六十载了。而我有缘也有幸，与光机所是“同龄人”、也是“同代人”。

回顾在光机所大院里学习、生活、长大成人的种种经历，常让我夜不能寐、热泪盈眶。1964年，爷爷、奶奶、哥哥还有未满周岁的我，跟随着上海光机所的首批筹建职工队伍——其中包括我的父母以及舅舅舅妈一家，来到位于嘉定城中温宿路上的上海光机所家属宿舍区落户。据说那时的宿舍区仍在建设完善中，像极了个临时住处，如果我那时有所意识，大概也不会想到，这份与光机所从天而降的缘分，竟然细水长流，伴随了我的整个人生。那些平凡又精彩的大院岁月，总能随着信念和勇气飘来的方向，牵引着我们铭记过往、珍惜现在、奔赴未来。

大院里的亲人和亲人般的邻居们

前几天，与一位小时候同住在大院里的“小伙伴”通电话，虽然我们平时很少有机会见面聊天，可当她那一口爽朗的大院“乡音”传来，我的心中便充盈起满满的亲切感，仿佛又一次置身于那段温暖幸福的大院岁月。时光带走了一直住在大院里的祖父母和父母，但童年的伙伴和记忆，却仿佛从未远离。

能在大院里快乐、茁壮成长，实在要感谢亲人们对我的关爱和教育。与我同住在大院里的舅舅舅妈，虽然工作繁忙，自己儿女众多，但仍将我和哥哥视作自己的亲生儿女般关心和照顾，从衣食住行到学

我和父母

习成长，充满着他们忙前顾后的身影。即便后来我在北京上了大学，舅舅也会特意来探望我，对我嘘寒问暖，嘱咐我学习不要太过劳累，保重身体最要紧。他们身体力行，教会我善良和爱。

此外，还要感谢大院中众多友邻的关怀和爱护，他们对我的影响同样深远。其中，有家中长辈们的朋友和同事，还有我的小伙伴们的家长；有的同院同楼，有的别楼而居。但要想请教题目、听大人们讲故事，我随时随地都能走家串户、跑东跑西。那时候虽然条件有限，房屋拥挤，但邻居家的大门一直打开，对小朋友的到来更是热情欢迎。还记得前几年，在嘉定街头偶遇一位同楼住过的叔叔，老人家虽已年逾八十，却对几十年前我和她女儿在他家玩耍的光景记忆犹新。此刻大院里的亲情和友情透过我们两代人脸上同样喜悦和留恋的神情，紧紧相融在一起。

长大后我才了解到，那些我朝夕相处、视如亲长的邻里，他们中的很多人都是光机所里的重要科研人员，其中不乏专家学者乃至院士，业务骨干更是不胜枚举。他们在大院里是我的“叔叔”

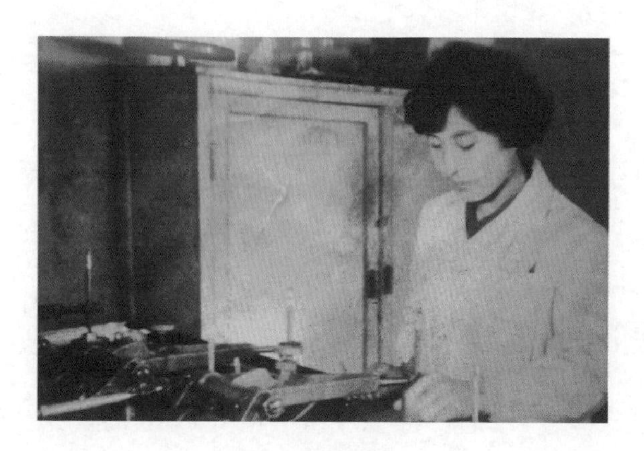

工作中的母亲

“阿姨”，在光机所里则是国家重点研究项目的承担者乃至顶梁柱。可想而知，他们具备极高的科学文化素养，我和我的小伙伴们经常在日常嬉戏中受到他们口中故事的熏陶。因此，在那个教育远不及如今普及的年代，我们却能早早知道“十万个为什么”，甚至了解到学校里不曾学过的历史人文知识。

对知识的向往和热爱，就这样在幼小的我的心灵世界中播种、发芽、自由生长，后来我能顺利进入大学深造，不得不感恩邻里长辈们的循循启蒙和拳拳教导。我始终记得，高考前，楼上的一位叔叔无偿帮我突击补习英语口语，他每回都认真备课、仔细传授，我受他感染更加发愤努力，才能顺利通过高考。我因此常怀感恩之心，但一直未能当面向这位叔叔致谢，总深感愧疚。大院是生活的大院，也是学习的大院、文化的大院，在这里生活成长的点滴，都渗透进我的性格和气质中，为我后来走出大院、步入社会打下深厚基础。

作为大院的“同龄人”，我在大院生活中感受到的温暖、真诚和幸福，正是光机所得以发展壮大、“枝繁叶茂”的重要原因之一。铺满记忆底色的大院生活，不仅是我对世界、知识和学习渐有认知的开端，也为我树立起正确的世界观、价值观和人生观把稳了航向。至今，我已走过60年的人生岁月，无论成家立业、做人做事，每每总要回望刻骨铭心的大院记忆，从中汲取营养、向上生长。

大院里的“常青树”

提起“李泰和”这个名字，可能大院里生活过的人们已经没几个能记得，但若说起“李大爷”，大家应该都会会心一笑。这位大院里的“常青树”、社区生活的好帮手、无私奉献的践行者，正是我的爷爷。

我的爷爷

爷爷过世40多年后，我每每在嘉定城里遇见老邻居们，都会听见他们亲切地说："是李大爷的孙女回来了。"在我的一些小伙伴们以及弟弟妹妹们的口中，有关"李大爷"的往事也是一个常常被提及的话题。每逢如此情景，儿子就会问我："太姥爷只是一位普通老人，为什么人们会这么尊敬他、记住他呢?"这个问题，也许可以在与我同在大院里长大的小伙伴、曾担任过嘉定区妇联主席的艳辉的话中找到答案："李大爷可能是我们区（县）里最早的为民服务的志愿者，他在我们当时还是孩童的心中有很高大的形象！这种精神也是我们这个时代最需要的。"

艳辉的话，正是爷爷一生的写照。为了支持父母的工作，爷爷奶奶放弃了早已习惯的北方生活，举家搬来上海、迁进大院，从此全身心地扛起照料我们全家生活的重任。当时在大院里生活的大多数都

爷爷在公社

是在所里上班的双职工家庭，为了国家重点项目夜以继日地投入实验室里，根本无暇顾及家庭。对此，爷爷看在眼里、急在心里，如何为居民提供力所能及的帮助，搞好大院生活？如何使大院生活能快速与当地社区生活融合在一起，让大院居民都能享受到当地社区带来的便利？这些问号，一直缠绕在他心头。

来上海前，爷爷在老家一直担任社区主任，具有丰富的社区管理经验，因此，他很快就成为嘉定当地居委主任的好帮手，挑起了做好大院居民之间信息传递、沟通协调的重任，以及解决生活难题、管理日常生活秩序等诸多担子。慢慢地，爷爷成了大院里不可或缺的一员，他每天在院子里巡视的身影，成为大家习以为常的风景。

谁家有困难、谁家需要帮助，爷爷总及时出现。在那个特殊的年代里，院里许多专家学者受到不公正待遇，但爷爷从不避嫌，依旧对他们的子女送关心、送帮助，温暖了很多家庭。犹记当年，大院里每个楼栋共用一个大水表和大电表。由于那时还没有计算器，在我们楼里，一到月末，就会听到噼啪作响的算盘声——为了让每个家庭都能不掏“冤枉钱”，爷爷不辞辛苦，为每家算好金额，遇到争执不平时，就自家多承担，以避免邻里纠纷。

爷爷的热心和爱心，已经成为大院里几代人的共同记忆。在那个年代，大院里没有保洁阿姨，但邻居们应该都还记得，每逢周末早上，大院里总会响起爷爷清扫的声音。他时常号召院里居民维持大院公共卫生，在爷爷的带领下，每逢周末，各家出人出力清洁公共环境的活动，成为大院里的一项传统。长大后，小伙伴们还常常提起当年在爷爷的组织下，大家课后共同在“向阳院”里学习、谈天、游戏的经历，孩子们快乐，家长们放心，而爷爷觉得能为居民们服务，再累也值得。

记得有一年，居委会为预防地震灾害建立了联动预警机制。某天，有人误触引发了预警，留在家里的人们听到信号，纷纷逃离，爷爷让哥哥和我带着失明的奶奶先下楼，他则立即跑向大院里的各个楼栋指挥居民们有序撤离、避免挤踏。等大家都到达指定安全地点后，他才去找我们，并安抚奶奶。虽然事后发现是一场“乌龙”，但爷爷为他人着想的精神，深深刻印在大家的心中。

大院里的“灯火”传承

我能与同在大院里长大的小伙伴发展出一段情缘，出乎大院里很多人的意料。因为几十年前的高考之后，我和惠风分别去了北京、大连读大学，又学习了不同专业、进入了不同行业，理应不会再有过多交集。

可世上之事，总是无巧不成书。由于我们俩的母亲同在一个研究室，我母亲又从事党务工作，因此，惠风在大学里发展入党需要的了解家属情况的需求函就转到了我母亲手里，借此机会，母亲了解了他进入大学后的各项表现，对他的优秀印象深刻。更巧的是，我们俩竟都从外地分回了上海工作，又都住在市区南京路附近。大院里与两位母亲在同一研究室工作，又从小看着我和惠风长大的楼上叔叔得知情况后，开始牵线搭桥，让我们得以在大学毕业4年后重逢，情缘的“红线”由此牵起。

公公婆婆出席上海光机所建党100周年的活动

由于两个家庭彼此熟识，便省却了相亲、上门等繁文缛节。我们因为成长相伴、记忆相通，很快从“小伙伴”变成“有情人”，双方家庭则“亲上加亲”，结为亲家，我们口中的“叔叔”“阿姨”也改口成了“爸爸”“妈妈”。大院邻居纷纷送来祝福，从此，我不仅是大院里有名的“孙女”，还成了大院里有名的“儿媳妇”。我的亲情、友情、爱情，都在大院里得以圆满，这是何其幸运！我的“小家庭”，永远地和大院的“大家庭”画在了一个同心圆中。尤其是每当想起爷爷奶奶和父母在这些年里相继过世时，大院邻居和小伙伴们给予我和哥哥莫大的抚慰和帮助，我都不由感动得热泪盈眶，暗下决心要将这座大院里的一切温暖和美好深藏于心，并引导孩子们将这份善良、正直、友爱不断传递下去。

如今，我们还是会时常带着孩子回大院看看。在引人怀思的院子里，时光温柔流淌，透过五彩斑斓的岁月光影，我抚摸着曾经无数次爬上滑下的楼梯扶手，看着记忆里的小树苗早已长成参天大树，回想着封存在院落里的童年点滴……亲人逝去、故人搬离，但那些平凡琐碎的大院“烟火”，总能浮现眼前、回荡耳边。如今，曾经鲜活的大院已满布沧桑，那些或昂扬或深沉的人间情暖，也被岁月模糊了边角，但那些曾经扎根大院的科学家们，依旧行走在实现国家重大战略目标的路上，大院在变迁，但他们埋头苦干、坚定奋斗、努力钻研的身影却仍在眼前，成为指引后代前行的不灭灯火。

令人欣慰的是，我的孩子幼时也常“泡”在大院里，曾经滋养过我的大院文化也同样浸润了他。他见识过爷爷奶奶经常在重点实验室加班加点的身影，见识过大院里的亲朋好友对我们的关心关爱，听说过长辈们先人后己的奉献故事……耳濡目染中，他感悟着、思考着、

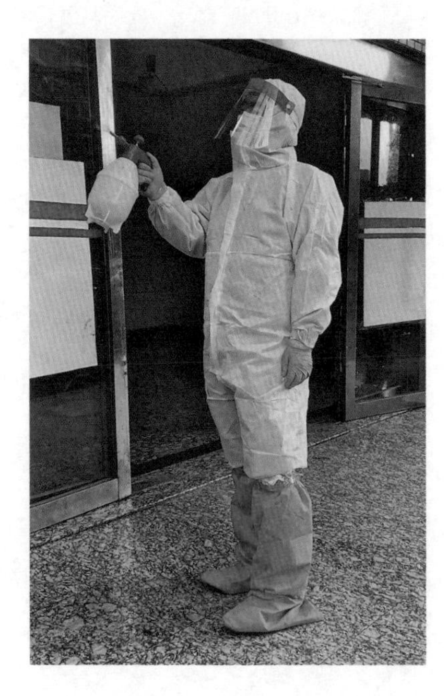

惠风在社区做志愿者

在儿子的毕业典礼上

实践着——于是他成了为世博会服务、为大学生服务的志愿者，在疫情特别严重的日子里，他同样率先成为为社会服务的志愿者。大院里的精神光芒，始终照亮着他前行的脚步。

从“孙女”到“儿媳妇”再到“母亲”，大院养育了我的身心、勾勒了我的人生轨迹、也伴随着我度过漫长岁月。近年，我又在嘉定购房安家，希望退休后也能有机会与大院朋友们叙叙友情、亲情。每每回到大院、谈起大院，满足与幸福便溢出嘴角，这大抵就是从大院走出的儿女们总时不时要回到大院的原因——这里不仅是几栋楼房几处院落所在，这里早已是与光机所一同成长的人们共同的精神家园，无论行至何方，都是一生的牵挂、心中的根基、精神的归宿。

大院“烟火”是我一辈子的骄傲！

岁月如流，亦坦然前行

——李晓龙

作者简介

李晓龙

1962年8月出生于吉林长春，1964年4月随父母来到上海嘉定。曾在上海宝山钢铁总厂炼钢厂铸钢车间、炼钢厂生产技术室、韶钢松山股份炼钢厂、宝钢股份炼钢厂湛江工作组工作。

父亲李长友，曾在上海光机所晶体材料室工作，1984病逝。母亲姜世杰，曾在上海光机所光源室工作，1991年退休。

个人感悟

行者在天涯。

1964年，上海光机所组建。幼小的我跟随父母从长春来到上海嘉定。六十年一个甲子，沧海桑田。如今，上海光机所已经成为以探索现代光学重大基础及应用基础前沿研究，发展大型激光工程技术并开拓激光与光电子高技术应用为重点的综合性研究所。

即使在工作后就离开了上海光机所，但作为上海光机所创业者的子女，父辈们吃苦耐劳的精神品质，以及他们的勇气和性格，无不激励我在困难面前毫不畏惧，努力完成自己的使命。他们果断、坚强，知道如何处理生活中的挑战，坚守自己的信念；他们耐心、慷慨，无论何时，都永远铭刻在我的内心深处。

一方大院，承载童年生活

我是高中毕业后离开的上海光机所，人生的前十几年，几乎都是在上光大院中度过的。现在回想起来，那一幕幕、一帧帧，依然恍如昨日。每次想来都心潮澎湃，但细细品味却又觉得平淡无比，或许这正是生活该有的模样。

初到嘉定，我与父母是租房居住，后来搬进了位于温宿路的职工宿舍。搬进去的时候，里面几乎所有的家具与生活用品都是单位发的。如今我的老母亲已经80多岁了，依然住在那里，并且还用着60年前发的凳子与茶几，虽然历经岁月磨蚀，上海光机所的字样依旧清晰可见。

后来到了上学的年纪，每次向小伙伴们提起我们是上海光机所职工的子女时，人们都会向我们投来敬佩的目光。在那个年代，科研人员是很受尊敬的，我们也觉得十分骄傲。

父亲与我（左一）、弟弟

当然，最难忘也是最激动的，莫过于跟大院小伙伴们一起玩耍的时光。那时候，父母们常常晚上要开会或者加班，孩子们当中稍微年长一些的就会带着我们这些弟弟妹妹们玩。在那个年代，没有手机、微信、游戏机，但玩耍的花样可一点不比现在的孩子们少。我们喜欢跑到农田里，把壕沟或防空洞当作占领的阵地，用一切能用得上的东西作为武器，双方或多方“对攻”。那时候的孩子，动手能力都非常强，大家都喜欢自制玩具。比如用自行车链条、火柴头、自制顶针、橡皮筋，就可以做成能够发射“子弹”的链条枪；或者找一节空心的竹竿，用树上采的黄豆大小的果子堵住两头，然后用自制的、竹筷做成的顶针用力拍击其中一头，就可以利用气压将另一头的果子发射出来……

那时候物质相对贫乏，但生活却充满乐趣。小时候的我总是很期

和小伙伴们

待所里放电影的夜晚，有时候是在东楼的食堂，有时候是在西楼楼下空地的草坪上，每一次放映时都人山人海。有时候父母晚上加班也会带我去所里，我就自己一个人东转转西转转，从实验室转到工厂，一切都充满着新奇与趣味。嘉定位于上海郊区，为了丰富职工家属的业余生活，所不时会用大卡车载着我们到市区玩，一般是早上从所里出发，将我们拉到人民广场，然后大家自由活动，去逛逛街或者看看电影，到了下午或晚上再集中把我们载回来。

每年大年初一的团拜也颇令我难忘。父辈们组团去各家拜年，我就待在家中等叔叔阿姨们来我家。那种热闹又温馨的氛围，至今令我怀念。

韶钢岁月，继承父辈精神

1980年，我从嘉定一中毕业后直接进入宝钢，从此就和钢铁联系在一起了。我的职业生涯大部分时间是在上海宝钢炼钢厂度过的。2014年7月，我调入炼钢厂的湛江工作组。在去湛江前，我先行去了韶钢松山股份炼钢厂开展支撑工作，负责板材产品结构优化，接到任务的那一刻，心情既兴奋又忐忑。

在韶钢的日子里，我一直住在曲江友好温泉度假酒店。上班第一天，我认识了在这里的第一位朋友黄利（炼钢厂生产技术室主任）。他简单介绍了韶钢面临的困境以及炼钢厂目前正在开展的一些降本增效的工作。“你们来了，更增加了我们的信心。”他说话虽然很平静，但也流露出一丝焦虑与困惑。当时，整个钢铁产业都处于转型发展的关键时期，我深知此行任务艰巨，但想到光机所的父辈们当年那段筚路蓝缕、攻坚克难的日子，心中又不免多了几份信心。

我们每周六天工作制，每天中午项目团队碰头会汇报各自小组的工作进展情况。项目团队每周要汇编一份工作周报，每月要形成一份月报。工作强度虽然很大，但想到父母当年经常夜以继日工作，也就不觉得累了。印象很深刻的是，针对韶钢长期以来在生产实际过程中铁水温降大的问题，我们提出了管理者主题实战演练的培训需求，为相关部门工作协调搭建了一个工作平台，发挥协同效应，共同改善铁钢物流长期以来存在的管理不善的被动局面。经过数不清的现场调研与反复论证，我们最终修订了一套主题实战演练守则，提升了管理者发现问题、解决问题的能力，铁钢物流铁水温降不利的局面，得到了改善。

半年后，由于工作需要，我临时去了新疆八一钢铁厂。我在二炼钢现场待了几天，实地看了现场生产过程与设备运行状况。在提交的工作报告中，我为他们策划如何提升精炼工位的作业效率，优化生产工艺途径，从制造部下发的生产计划组织上如何减少连铸非计划停机来提升连铸的作业效率。从事后的结果看，这一趟征途不虚此行。

匆匆忙忙，我结束了短暂的新疆八钢之行，回到了韶钢，并在不久后离开了那里。

湛江工作，上光精神陪伴

2015年8月底，离湛江钢铁投产已经不到一个月了，我来到了湛江东海岛，我的岗位是生产计划区域工程师，主要负责生产技术室生产管理组员工的技能培训与现场指导。

9月27日，炼钢厂投产。在投产初期，生产设备运行的不稳定是预料之中的。炼钢生产有其特殊性，它是连续性的、不间断的，因此，炼钢各工序的生产操作与设备稳定直接影响整个炼钢生产的正常运行。生产过程中出现的每一次异常必须及时解决。那段时间里我们几乎天天在现场，夜晚办公楼会议室的灯可以亮到天明。在熬夜工作甚至通宵工作的时候，我也不时会想起上海光机所里那些彻夜通明的实验室，很累，但一切值得。

2015年在我的职业生涯中是一个特殊的年份。2016年7月15日湛江钢铁二号高炉点火投产，炼钢3#转炉、4#连铸机于5月先期热式成功，标志着湛江钢铁一期工程项目全面投入运行。随着炼钢产能的全面提升，铁钢平衡、各类设备检修、年修及炉修计划、新式钢的试制等都是生产管理组年轻的团队面临的严峻挑战。我们采取了请进来、走出去、与同行业对标交流的有效举措。

随着湛江钢铁二期工程炼钢项目施工建设的展开，一个异常艰难的局面摆在了面前——施工与生产立体交叉同时进行，这加大了生产组织与施工难度。生产要保，施工建设同样重要。为此，我们强化了现场施工方案的策划，注重生产组织与施工的协同效应。

2021年1月9日，湛江钢铁二期工程炼钢项目4#转炉、3#连铸机热式成功，到2022年1月9日三号高炉投产，炼钢厂具备了1 300万吨产能，国内最大的单体炼钢厂就此诞生。当同行来我们这里参观考察时，无不为我们在如此短的时间里取得如此巨大的成就而赞叹。

2022年8月17日，我离开了东海岛，离开了湛江钢铁，我的职业生涯也结束了。像我的父母一样，我把全部的热情与努力都投入到自己的工作中，用自己平凡的坚守为国家的发展进步添砖加瓦，上海光机所的叔叔阿姨们的精神气质，在我身上得以延续，并且传播到另外的行业。

如今，我在嘉定过上了退休生活，每当我路过城中路小区，望着那儿时留下了无数欢乐回忆的光机所职工宿舍楼如今依然静静地矗立在那里，总是不免有些感慨。老一辈上光人离我们渐行渐远，我怀念那一代上光人的创业精神，怀念过去的云、过去的天，以及蓝天白云下朴素的大地。

但我相信，没有人永远年轻，但总有人正年轻。一代人一代人的更迭是历史必然，无法改变。但老一代上光人的精神一定会永远传承下去，上海光机所的明天一定更加辉煌！

上光大院好「院风」

李　萍

作者简介

李　萍

1965年9月出生在上海，1988年从上海科学技术大学本科毕业，2001年获上海交通大学工程硕士学位。1988—2002年，在上海光通信器材公司从事光纤光缆生产领域的技术与质量管理工作，任科技部经理。2003—2022年，在上海天蒙光电科技有限公司负责光学元件的生产、质量、销售等全方位工作，任公司副总经理。

父亲李锡善，上海光机所研究员。1964年7月进入上海光机所第七研究室工作，从事光学材料检测方面的工作，1996年10月退休。母亲梁景芳，1964年7月进入上海光机所附属工厂光学车间检验科工作，1990年6月退休。

个人感悟

一分耕耘一分收获。

昨夜进入梦中的是儿时的家属大院，那长长的小楼走廊、家家门前的自行车、一群群嬉戏玩耍的小伙伴，似乎让我重新回到了童年……多少年的时光、多少次的搬迁，从一个地方搬到另一个地方，虽然环境更优美、住房更宽敞，但时常入梦的还是那个在我记忆深处挥之不去的上海光机所职工家属院。

我叫李萍，是成长在上海光机所大院群体中的一员，我的父亲李锡善，是上海光机所一名执着奉献、刻苦敬业的科研工作者，我的母亲梁景芳是上海光机所光学车间的检验员。1964年，处于恋爱关系的他俩因为工作需要，积极响应国家的号召，毅然离开家乡（我母亲是长春人），从长春光机所来到上海嘉定，投入上海光机所的组建工作中。父母婚后又陆续生了我们姐妹仨，让我们的人生也从此与上海光机所结下不解之缘。

父母大爱，言传身教

我的父亲出生在贫穷落后的山东农村，是地地道道的农民后代。但他从小立志要读书上大学，在国家助学金的帮助下，他克服重重困难完成高中学业考上了山东大学，大学毕业后分配到长春光机所干福熹院士（当年是主任）领导的玻璃材料研究室工作。1964年因国家建设需要，调到上海光机所继续开展科研工作。

回顾父亲在上海光机所40年的科研生涯，先后参加和主持了掺钕硅酸盐激光玻璃（6403工程）、高功率磷酸盐激光玻璃（激光核聚变研究12号工程）、5.25英寸可擦重写磁光盘的研究开发，以及超长波段（2～5微米）红外通信物理基础研究、上海国家光盘研究中心申请和建设、十多项机电一体化先进科学仪器的研制和开发等，先后获得国家级科学进步奖，中国科学院科学技术进步奖一、二、三等奖，中国科学院自然科学奖，上海市科学技术进步奖一、三等奖，国家发明奖等，在国内外刊物上累计公开发表论文一百多篇，其中多项科学研究成果有效实现了产品转化。1992年，父亲升为研究员，同年因科研工作成绩突出被评为国家级有突出贡献科学家，享受国务院颁发的政府特殊津贴和市管干部医疗保健待遇。2019年荣获中共中央、国务院、中央军委颁发的“庆祝中华人民共和国成立70周年纪念章”。

父亲常常说，滴水之恩当涌泉相报。是党和国家的培养，让他从一个农村孩子成为一名科学工作者，他一直心存感激，并坚定要求加入中国共产党。父亲一辈子规规矩矩做人、认认真真做事。他努力工作、刻苦钻研，在自己的科研领域做出了出色的成绩，历经坎坷后终于加入了中国共产党。我记得有一天父亲下班，刚进家门，就眼含热泪激动地向我们宣布：“我入党了！”当时刚上初中的我，并不太能理解入党这件事对父亲意味着什么，但这却是我第一次看见父亲流泪，直到现在，那场景还历历在目。

父亲年轻时整天埋头工作，在家干完家务后就坐在书桌前看书。每到周末，他会骑着自行车带着我去所里待上一天，把我放在他的办公室里做作业，他则在实验室里做实验、查资料、写论文。在光机所东楼昏暗的一楼走廊里，我经常能看见周末加班的叔叔阿姨们，也见证了老一辈光机所科研人员刻苦敬业、忘我工作的点点滴滴。

我的父亲为人正直、性格内向，母亲阳光洒脱、性格外向，反差的性格丝毫没影响他们两人成为工作和生活上的“最佳搭档”。出于对工作高度的责任心和事业心，在光学领域工作了一辈子的两人退休后不愿在家休息，办起了光学加工公司发挥余热。1997年，两人合作申请到国家863-416课题“大尺寸光学加工和检验技术”并获得经费支持。他们勇于接受挑战，自行研制加工设备和检测设备，带领工人加班加点，保质保量地完成863课题的大尺寸钕玻璃的光学加工任务，由于成绩突出获得国家863-416课题的表彰，为公司的进一步发展奠定了基础。深耕于光学领域几十年的他们，活到老学到老，不断学习新的专业知识和经营理念，勇于尝试高精尖的光学元件加工，以光机所老职员的要求认真对待每一件产品，为公司赢得了客户的信任和青睐。同时，公司的发展也得到了所里领导与专家们的鼎力支持，先后为所里的“神光系列”项目、强光室、激光材料室等部门加工了符合要求的光学元件，成为所里的合格供方，也为多家科研院所、军工、航空航天企业提供了高精度高质量的光学元件加工。

因公司发展需要，我于2002年离开单位进入父母公司，我很珍惜在父母身边工作学习的岁月。父母严谨的工作态度、丰富的专业知识、忘我的工作境界、不怕困难勇于接受挑战的精神使我受益匪浅，老一辈上光人求真务实、锐意进取、不忘初心、笃行致远的精神深深影响着我们和下一代树立正确的人生观价值观，诚实做人、认真做事。

在此过程中，我有机会近距离接触上海光机所新一代年轻的科研人员，发现与老一辈上光人不同的是，新一代科研人员在传承老师们刻苦钻研、勇攀科技高峰的同时更注重科研成果转化与新技术、新

父母与我

产品的市场应用推广，这更符合这个时代发展的需要，很好地传承与发扬了“创新、唯实、奉献、诚信”的上光精神。为年轻的上光人点赞！

近邻真亲，烟火温馨

回望我在上海光机所大院度过的日子，幸福和温暖应该是最为准确的两个关键词。

从刚记事起，我就深深感觉到了左邻右舍的互助友爱。哪家大人没有在家，小孩子都能去邻居家吃得了饭、睡得好觉。那个年代的物资供应少，油米面都得凭票购买，但谁家做了点好吃的都会给邻居端一点。“远亲不如近邻”是我们的切身感受。

我们一家五口人住着15平方米的一间房，和邻居老伯伯一家五

光学车间的几位叔叔阿姨在休息日带着孩子们在嘉定孔庙处留影

口人合用厨房、卫生间，一个门内住着十口人，大家和谐相处，十几年从没发生过矛盾。老伯伯在所里是位不苟言笑的老革命，时任上海光机所人事处处长，他严于律己从未给子女亲属开方便之门，却热心为所里的年轻人解决两地分居办理调动，是我在生活中遇到的一位对我影响深远的廉洁好干部。在大院孩子眼中，老伯伯是慈祥可爱的老人，他的家是我们的避风港和食堂，每到盛夏的傍晚，老伯伯便会带着我们一帮“小拨拉子”扛着席子和小板凳去体育场乘凉，我们躺在草坪上数着天上的星星，听老伯伯讲打仗的故事。

当年我父母在生活的很多方面都得到过老伯伯一家的帮助与指点，我妈跟着阿姨学会了烧南方菜、包宁波汤圆，我爸跟着老伯伯学会了做包子、蒸山东大馒头。我们整天跟在哥哥姐姐们身后长了不少见识、学会了不少技能（姐姐教会了我织毛衣、绣花），在茫茫大上海，在上光大院里，我们两家人成了虽然没有血缘关系，却无比亲近的亲人。

伙伴相伴，深情厚谊

生活在大院，我们的童年是快乐和值得回味的。光机所大院就像个微缩版的大世界，来自五湖四海的建设者们都说着普通话，同时由于幼儿园和学校离家很近，楼上楼下也都是同学，我们上学有学伴，放学有玩伴，放假还有小小班一起学习做功课，学习上有不懂的问家长，如果家长不在家出门就能找到老师请教（楼里的叔叔阿姨都是学霸）。在学校被人欺负了，大院的大孩子还会冲过来保护我们。

我喜欢和大孩子们玩，那时候，家长们晚上常常要开会学习，我就跟着哥哥姐姐们去撒欢，在楼下玩捉迷藏、跳橡皮筋，然后赶在父母回家前溜回家。我还会跟着哥哥姐姐们去很远的地方爆米花，有一

大院的孩子在温宿路城中路路口合影

次因为人多排了很长的队，天黑了还没轮到我，让爸爸满世界地找。

在我们小学毕业那年，国家对教育的重视程度进一步提升，实行了升学考试，于是我们光机所大院的家长在家庭教育上充分发挥优势，将“比、学、赶、争、超”精神从工作中延伸到家庭教育上，放到现在可能被称作“卷”。在饭桌上，我们经常能听到：某某的孩子考年级组第一、某某的孩子考上清华北大了、某某的孩子出国了……我的耳边经常会响起父亲的谆谆教诲：我们家长一没钱二没权，你们只有读书一条路。在这样的环境下，大院里的小伙伴确实也争气，考上名牌大学、出国深造的比比皆是，我也如愿考进了上海科技大学材料系（父亲选的专业），毕业后留在嘉定工作。

大院的小伙伴们也大多有了很好的工作与发展，其中有好几位哥哥姐姐考上了光机所技校，毕业后留在所里工作与父母成为同事。前几年的所庆，所里邀请了大院的“孩子们”回到所里看看，重温过去在大院的美好生活。虽然已不再年轻，但只要回到这里，过往的一切就都仿佛在眼前重现。回顾父辈的艰辛与我们的成长，我们都十分骄傲，我们是“光二代”！

看到“上光大院故事”主题征文启事后，表达的冲动在我心中油然而生。回顾过去的岁月，很庆幸我们是成长在光机所大院的“光二代”“科二代”，也很感恩“光机所大院”的氛围熏陶以及父辈们的言传身教，无论是立身处世还是持家治业，都让我们有了明确的价值准则和丰沛的内涵力量。未来，相信我们的后代会继续传承这样的所风和家风，并使其成为“光三代”“光四代”……“光n代”们代代相传的精神财富。

AIR LIQ

一甲子以爱为歌　六十载仍是少年

——

林晓萍

作者简介

林晓萍

1962年出生，1982年毕业于上海师范学院分院。长期从事义务教育工作。曾任嘉定区朱桥学校书记、校长，荣获上海市园丁奖等。

父亲林光荣、母亲刘彩琴于1964年进入上海光机所。父亲于1991年去世，母亲于1987年退休。

个人感悟

把努力交给当下，把结果交给未来。

我的父亲叫林光荣，母亲叫刘彩琴，这是两个打着深深时代烙印的名字。他们的一生，与时代同行，亦与光机所同歌。父辈的爱情从来都缺少风花雪月的浪漫，却满含点点滴滴的关怀和默默无闻的奉献。他们相识、相知、相伴，一路走来，虽简单平常，却美好悠长。

很有幸，作为他们的女儿，我成了上海光机所第一代“科娃”，我的人生也从一开始就与光机所紧紧连在了一起。如今，与光机所同龄的我，也已年至花甲。每每回溯过往，记忆总能如电影胶片般在脑海中一幕幕地回闪，从模糊到清晰，从灰白到斑斓。

这是怎样的一段长路呀？有风雨中的跋涉，也有阳光下的欢颜，一切都那么轻盈，一切也那么厚重。那是爱、是坚守、是温馨、是求索、是拼搏……当这些数不清的关键词连缀成一条长路，路上向前进的有我们一家人，也有更好的光机所、更好的中国。

幼年离别·爱的坚守

我对离别的感知，比大部分人都要早一些。那是我两岁的时候，有一天，父亲和母亲的对话突然严肃起来，似乎在商量着什么大事。后来我才知道，父亲要和单位里的一些叔叔阿姨一起到上海市嘉定县去筹建新的单位——上海光机所。上海到长春，有着两千千米的距离，这意味着在未来很长一段时间里，这个家庭，以及两个年幼的孩子，都需要靠母亲一个人的肩膀承担起来。父亲挂念、母亲不舍，但他们没有一丝一毫的犹豫。他们没有说什么豪言壮语，更没说什么侬侬絮语，只是一起默默收拾着行李。

父亲去了上海后，母亲便一个人带着两岁的我和仅有几个月大的弟弟，在遥远的北方生活。与我们家相似，很多家庭都送走了“先遣部队”，留下了既要工作、又要照顾家庭的妈妈们。这一代的妈妈们总是那么令人敬佩，她们坚强、隐忍、勤劳，明大义、有智慧。

我们家住在南湖附近，母亲每天上班都要带上我和弟弟。不谙世事的我却能清晰地记着，她总会一手抱着弟弟，一手牵着我，费力挤上班车，每次都累得气喘吁吁。多亏了单位的同事，每当我努力尝试“攀上”车门踏板的时候，车上的人总会拉我一下，车下的人便托我一把，让我顺利上车。叔叔阿姨手心的温度、手掌的力度，直到现在，我都能感受得到。那时候的互帮互助，会永远在我的心底深深珍藏。

两千千米这头的长春，母亲们忙着与生活“交手”；而在两千千米外的上海，父亲和来自五湖四海的同事们夜以继日地奋斗，经历了一段时间紧锣密鼓的筹备，上海光机所终于可以正式运作了。

我记忆里的第一次旅行是为了团圆。如今的高铁已经把上海到北京的距离缩短到了5个小时，而在当时，却是几天几夜的奔波。绿皮火车虽然慢，却给了我们一个逗留北京的机会。那一次，父亲来接我们一起到嘉定团圆，利用转车的机会，我们一家四口来到天安门广场，留下了一张保留至今的合影。我不知道怎么形容当时的心情，只是永远记住了这一瞬间。

回首自己的一甲子，我曾经因为各种原因去过很多次北京，但是记忆中的这一次是最美好的。因为它让我深切感受到了团圆的温暖，更让我知道，我们家和上海光机所一样，进入了一个全新的开始。

天安门前拍摄的全家福

童年欢乐·爱的相伴

来到嘉定，我们搬进了新家。20世纪60年代的嘉定还是上海的郊县，举目可见的是一片片齐整的农田。因为有了光机所，这片农田里建起了家属区。温宿路边建造的那七八幢五层楼房，显得格外突兀，却也不失为一份点缀。我们很早就享受了“拎包入住”的待遇：统一的全套铁制家具，由单位统一配置；两家共住一个单元，共用一套厨卫，厨房里用的是当时还比较罕见的煤气。虽然略显狭小，但在当时已经是很不错的条件了。

童年的我，还不懂得“小家”与“大家”间的息息相关。只记得，起初我们一家四口住在车厢式的二居室，和徐叔叔家是邻居。后来，家里迎来了小弟弟，四口人变成了五口人，可是却从两居室搬到了同一层的一居室，越搬越小了。天真的我向母亲请教原因，母亲骄傲地告诉我，来光机所的人越来越多了，不够住了，需要大家一起克服住房上暂时的困难。懵懂的我才知道，原来上海光机所也有了越来越多的来自五湖四海的叔叔阿姨，和我们的家一样，在慢慢地壮大。

记忆里的童年是欢乐的。我们先是在光机所自办的托儿所上学——因为光机所大院的孩子们多，大人忙于工作，为了解决我们这些大院孩子的上学问题，所里办起了自己的托儿所。那时的托儿所不分年龄，混班教学，大大小小的孩子，一起学习、一起玩耍。虽然没有教材，但老师们言传身教，教会我们乖巧、懂事、体贴、互助、勤劳、自觉……这些优秀品质，在年幼的我们心中播下一粒粒种子，受用一辈子。

幼儿园合影照

眼前的这张照片，是我们幼儿园的合影，我一直珍藏着。大大小小的孩子欢聚一堂，小伙伴们那两小无猜、青梅竹马的情谊，总是那么纯真。在一个班级里，姐姐带着妹妹，哥哥领着弟弟，老师照顾着孩子，孩子也照顾着孩子，这样的朝夕相处、亲密陪伴，总能滋生出深情厚谊，也为我们的童年带来了诸多可以回味一生的乐趣。

随着嘉定的发展，一批科研单位陆续建立，于是有了一所市属的红卫幼儿园。托儿所毕业后，我们便升到了家附近的这所幼儿园。在这里，我们接受了完整的、高质量的学前教育——在如今高质量学前教育和九年制义务教育早已普及的年代，或许很难理解，这在当时是一件多么幸运又珍贵的事。真的要十分感谢上海光机所，用人性化的关怀与照料，为我们这些“科娃”创造了这一段美好的童年记忆。

伴随着童年的，还有我小小脑袋里的疑惑：我们一家明明已经在一起生活了，为什么还经常见不到爸爸，家里大大小小的事还是靠妈妈来忙碌。一起玩耍的小伙伴们也常常说，他们的爸爸妈妈，也和我的爸爸一样，平时工作是三班倒，加班加点更是家常便饭，遇到重要实验常常夜以继日地连轴转。我虽然还不能完全明白，但心里却知道，大人们这么辛苦，这么忙碌地工作，一定是在做很重要很重要的事。这份敬重，陪伴着我走过那段纯真“无知”的年月。

随着年龄的增长，我渐渐懂得，科学的道路从来都是艰辛的，科学成果的取得从来都不是一蹴而就的。爸爸妈妈和他们的同事们，虽然都是平凡之人，却都在做着不平凡的事业。正是因为有了持之以恒的努力探索，很多年以后，他们中的大部分人都成了响当当的科学家，还有很多成了两院院士，构成了我们国家科研大厦的四梁八柱。

青春成长·爱的鼓励

少年不知愁滋味。我们开始读书了，幼儿园的同学们一路同行，又成了小学同学，记忆里满满的是快乐和幸福。那时候还没有内卷的概念，一群小伙伴一起早早上学、早早放学，一切似乎都很轻松，学习也不累；作业不多，回家轻松完成，更没有什么补习班；对考试的成绩也不敏感——爸爸忙着科研工作，妈妈负责带好三个孩子，做好后勤保障，都很少过问我的成绩，作为孩子，我们也只是知道自己的成绩，不会去打听别人的。

突然有一天，父亲回家问我："你们考试了？"我突然有点紧张起来，不知道他想问些什么。他告诉我，听说某某家孩子的成绩优秀，还有谁的成绩是好的。最后，他乐呵呵地说："叔叔阿姨都夸你学习也不错，爸爸都不太关心你，以后你回家要和我多说说啊！"看着父亲赞许的目光，我高兴地答应了。原来，忙碌中的父辈们，在一起的时候，还是会经常抽空讨论我们的学习，关注我们的成长，希望我们有更多的读书以及长远发展的机会。从这次不经意的谈话开始，我变得自律多了，因为知道了在这样一群努力着的前辈心里，对我们有多少殷切的期望与深沉的关爱。

儿时最快乐的是夏天，不只是因为暑假，而是在光机所那个不大的游泳池里，我学会了游泳，成了我童年故事中十分欢快的一页。每次游泳后，我们都可以大口地喝着凉爽的冰水和酸甜可口的酸梅汤，以及爸爸妈妈们节省下来的盐汽水、绿豆汤，这在那个物资稀缺的时代，可是十分珍贵的。我们都记得鲁迅先生的《社戏》里讲到的，最好看的不是社戏，是孩子们一起偷豆吃的快乐记忆，我们也有着一段段独乐乐不如众乐乐的快乐时光。最让人兴奋的大概是夏夜里的看电影活动，光机所那偌大的食堂（其实是一个多功能大厅）里，一排排凳子上，很早就坐满了人。那时的环境虽然简陋，电影的画质也无法与现在相比，但大家济济一堂、热闹快乐的精神头，却是最动人的，也是今天的我们最怀念的。看过的电影很多都早已不记得了，但是这样热闹又温馨的场景，时至今日依然常常涌上我的心头，每次回想起来都会忍不住地嘴角上扬。

我们的学习、生活、娱乐几乎都在一个不大的范围里，节奏几乎同频，这就是我们心中的光机所大院，它没有围墙，却和谐得像是一个紧密的大家庭。

时光向前，生活向上，上海光机所不断地攀登高峰，我们也在它的庇护下渐渐长大，登上了一级又一级人生台阶。从小一起长大的小伙伴们，逐渐开始步入各自不同的人生轨迹。一些哥哥、姐姐要插队落户了，我们听着鞭炮声看着他们背着行李离开这个大院，奔向远方，心中满是不舍。很快，我们等到了恢复高考，在这个高知林立的环境里，又迎来了第二次追求知识的高潮，1980年的高考，用千军万马过独木桥来形容可一点都不夸张，我也是这支队伍中的一员。

奋斗的青春最美丽。20世纪80年代初，有的小伙伴考上了光机所技校，成为光机所的一员，我有幸进入了上海师范学院，成为一名大学生。我的户口从家里的户口本上迁到了学校集体户口，又在毕业后回迁到家里。经过这几番“折腾”，我的户口也从市属户口变成了县属户口。在那个年代，一切东西都要凭票，所以户口显得格外重要，我的县属户口显然拉低了我家的票证待遇，但我从未后悔，因为“科教兴国”的信念，敦促着我要早日努力成为一名好老师，承担好教书育人的职责，为社会、为国家、为时代培养出一批又一批优秀的人才，正如同与光机所的那些科研工作者们一样，做好本职工作，服务国家振兴、时代进步。

岁月如歌·爱的接力

每一段光阴都值得记忆，每一段记忆中都有值得珍藏的故事。

大学毕业后的我一直在嘉定教育系统工作，以父辈们为榜样，深耕细作。我先是成为一名好老师，慢慢地又走上教育管理岗位，成为一名校长，让我有了很多接触光机所老前辈的机会。

那是一次意外的惊喜，因为所在的疁城实验学校被评为上海市航天教育先进单位，我代表学校到上海市科技节青少年专场去领奖。在候场时，我的眼睛不经意扫过第一排就座的嘉宾，眼光落在了一位长者的身上，他是光机所老所长干福熹院士，父亲的领导、儿时的邻居。那一刻，激动之情油然而生，我真想上前打个招呼，叫一声叔叔，但是场合不允许，深感遗憾。因为在我的记忆中，干院士不仅是一位科学家，还是一位看着我们长大，如今却多年不见的长辈。时光的卡带，不仅记录了他在科学道路上，为祖国、为人民而孜孜进取、努力拼搏的一个个故事，更记录了他陪伴我们成长的点点滴滴。所以，在我的心里总有这样一份情结，每每看到，每每想起，总有无限的感慨。

这是一份解不开的情结，调动工作时，得知新单位中有老师的爱人是光机所职工，就感觉格外的亲切；获悉同事的孩子如愿进入光机所工作，便为他自豪；同事中有同为光机所的子女，我们则很自然的走得很近，成为至交好友。

上海光机所的向博士一直担任着嘉定教育的家委会主任，在科研工作之外关注学校发展、关心青少年成长。作为教育系统里一名与光机所有着特殊因缘的人，我由衷地感激他，特别地敬佩他。这样的一段缘分，也促成了我可以近距离地时时请教他，邀请他在百忙之中来到学校，指导科研课题。

在学校招聘新教师的时候，我看到了当年幼儿园伙伴的子女，非常出色，心中泛起欣慰之情。她进入学校后，我也一路默默关注着她的成长。这或许就是传承吧，正如当年光机所前辈们对我们的关心与照料，如今，光机所这棵大树已经开枝散叶，但我们都知道并且能感受到，自己的根就在那里，树高千尺不离根。

2016年5月14日，我们这些当年因上海光机所的建立而聚在一起长大的孩子，以“岁月如歌”为主题，从四面八方重聚在光机所西楼。我们感叹父辈们都已经进入老年，也感慨自己不再年轻。但是我们更加庆幸，庆幸我们经历了这样一段艰苦而美好的时光，庆幸老一辈的辛苦努力迎来了今天的熠熠神光，更庆幸今天的光机所正焕发着生机盎然，六十甲子仍少年！我们感谢它，也祝福它，祝愿上海光机所在嘉定这块风水宝地上扎根、发芽，枝繁叶茂。

岁月一甲子，归来仍少年。60年的时间，我们曾听穿林打叶声，也总是吟笑且徐行。我们经历了充满奋斗、欢笑和泪水的成长时光，也经历了生老病死、离合悲欢的人生历程，只是竹杖芒鞋轻胜马，一蓑烟雨任平生。最让我们欢欣的是，在这一甲子的岁月中，我们见证了生活的蝶变、科技的进步、国家的富强，今天的中国昂首屹立于世界东方！

上光大院“科二代”合影

60年爬坡过坎，60年风雨兼程。我们已不再年轻，但总有人正年轻，就像60岁的光机所依然风华正茂、活力满满！未来，一代代有热爱、有梦想、有情怀、有担当的上光人，一定能如同被称为“最快的刀”“最准的尺”“最亮的光”的激光一样，用炫彩的光芒照亮上海光机所，照亮我们国家的前行之路，用爱成就更美好的明天！

一家两代上光人　此心安处是吾乡

——崔雪梅

作者简介

崔雪梅

1962年10月出生于长春，1982年进入上海光机所工作，2017年从上海光机所退休。在上海光机所从事激光测距、激光测速、激光测深、机载激光测深、蓝绿激光通信等工作，主要负责激光电源、扫描系统和外场试验，多次获得国家及省部级科学技术进步奖。后期作为办公室主管负责办公室工作。

父亲崔凤柱，1964年进入上海光机所，1980年去长春光机所任晶体室主任，直至退休。母亲李粉玉，1964年进入上海光机所，直至退休，曾任上海西光晶体材料厂总工。

个人感悟

不断进取，超越自我。

我的父母都于20世纪50年代毕业于吉林大学化学系。在校时，爸爸是全校足球队队长、校100米纪录保持者，还曾代表吉林省参加过全国足球联赛。妈妈则是校文工团的一员，能歌善舞、通文达艺。而他们最终选择了把自己的一生奉献给国家科研事业，奉献给上海光机所。

1962年10月，我出生在长春南湖边，那一声响亮的啼哭，使我与“娜、英、红”等婀娜的名字绝缘，母亲给我取名为“雪梅”，希望我像冬天里的梅花一样，傲立雪中，坚强勇敢。工作后，我也成了上海光机所的一名科研人员，在一次次爬坡过坎、一次次逆风跋涉、一次次冲刺攻关中，我越来越理解了儿时的父母，也逐渐理解了母亲在我的名字中所寄托的殷切期望。

上海光机所，这是我长大的地方，是我工作的地方，也是我将用一生去铭记的地方。这里，承载了我们家两代人的初心理想、奋斗拼搏，当然，还有柴米油盐、生活琐碎。苏轼有言，“此心安处是吾乡”，这句话用来形容我对上海光机所的感情再合适不过。在过去的60年间，这里不仅见证了我的生活与工作，更赋予了我精神与气质、思想与信念，还将顺着血脉，代代传承。

寒来暑往，长大成人

大学毕业后，我的父母双双分配进了长春光机所工作。1964年，为了响应国家号召，父母带着我的两个哥哥随着长春光机所的大队人马，怀揣着科技报国的使命，来到了上海市嘉定县，筹建我国时间最早、规模最大的激光科学技术专业研究所，也就是后来的上海光机所。由于当时我还不足两岁，就先随奶奶去了延边，四岁时才来到上海。那时我们家已经从临时住地嘉宾饭店搬进了位于温宿路的上海光机所大院——如同那条路名所传递的感觉，这里成了我温暖的成长栖息地。

光机所大院由3幢楼、6个门洞组成，分别为3号、5号、7号、8号、9号和11号。3号、5号在北面一排，其余4个门洞在南面一排，中间就形成了一大块空地，也就是我们常说的大院。

初到上海，一切都新奇而陌生。由于我家是朝鲜族，那时的我并不会说汉语，又错过了上托儿所的年纪，且十分不适应幼儿园生活，就在家里由奶奶带。上了小学后，调皮的我依然在课堂上坐不住，经常和同学打闹，甚至会在课间跑到学校外面玩。最开心的时光当属放学后，孩子们凑在上光大院里，滚轱辘、斗鸡、弹溜溜、钉钉子、甩大脚、跳橡皮筋、踢毽子……临到吃饭时，大人们呼唤孩子们回家吃饭的声音此起彼伏，我奶奶的声音十分苍劲，大刚妈的声音略带沙哑，要数四楞妈的叫声最好听，如唱歌般婉转悠扬。大家就像听到集结号一样，没一会整个大院就安静了下来。

放暑假时，菇娘成熟了，我就和一些大院里的小姐妹们一起，顶着烈日，在田野里寻找，一旦锁定目标，便一个箭步冲过去，大吼一声“我包了”，这时如果有人来抢，便会打闹起来。采好后，大家就把衣服束在裤子里，兜着菇娘，勾着肩搭着背，一路欢笑地走回去。那时候，嘉定县经常组织各大单位开展篮球和足球比赛，爸爸是所队足球教练，也是联赛的足球裁判，我总是跟在爸爸后面坐在教练席上，不是我对足球有多大兴趣，而是那儿的酸梅汤可以畅饮。

1976年，唐山发生大地震，全国人民都处于紧张状态。大院在所领导指挥下，把每幢楼都组织起来，选出了最有执行力的组长，我们5号楼的组长是谭允杰伯伯，一位经历过战争洗礼的老干部。某个夜晚，有个住集体宿舍的淘气包突然在半夜敲起了盆，方圆几里的人都在睡梦中惊醒，以为是地震警报，爸爸一声大吼，以百米冲刺的速度“拎”着我们冲向了温宿路菜场的那片空地。而这时，谭伯伯不顾自家妻儿，镇定地站在大楼门口，指挥着大家有序撤离，他就像定海神针一般，在危险时刻，展现出一位老军人、老党员的崇高品德。

一年后，恢复高考的消息传遍全国，光机所大院再一次热闹起来，掀起了学习的高潮。对于当时的年轻人来说，边上班边复习成了常态，到处是结伴埋头学习的身影，一批批大哥哥大姐姐先后考入大学，其中也有我的哥哥们。

在光机所晶体室，爸爸和妈妈一起从事激光晶体的研究。他们似乎一直在与时间赛跑，付出着超乎寻常的努力，没几年就获得了多项奖项，推动我国激光科学事业迈上一个个新台阶。1980年，经院士推荐，我的父亲重返长春光机所担任晶体室主任，在短时间内不仅积极争取纵向课题，还将人工宝石推广到韩国、日本，带领整个晶体室走出了低谷，获得吉林省英才奖，享受国务院政府津贴。妈妈也成了上海光机所晶体厂的总工。

栉风沐雨，披荆斩棘

在父母的言传身教下，我努力学习，毕业后有幸进入上海光机所，接过前辈们手中的火炬，开始了自己此后长达35年的工作生涯。

记得我刚工作不久，在我们的课题组长褚春霖老师的入党支部会上，我作为组里唯一的群众代表参加。当支部书记丘治宣布全体通过，褚老师做最后感言时，一个从不叫苦叫累的壮汉，竟然几度哽咽。虽然已经记不清他讲了些什么，但我被深深地震撼了。我环顾周围的老师们，发现他们不仅对业务精益求精，而且每天不知疲倦地学习着新知识，像一块块海绵，拼命向内吸水，又拼命向外挤。我暗下决心，一定要向前辈们看齐，不能辜负上海光机所的优良传统与昂扬斗志。我将书本上学到的知识融入实际工作中，认真向李庆培老师学习激光电源的知识，积极参加了激光测距仪、激光测速仪、激光测深仪、机载激光测深仪直至蓝绿激光水下通信系统等课题，每一次都恨不得释放自己的全部潜力。

外场试验时合影

印象特别深刻的是参加几次外场试验时，我以“巾帼不让须眉”的斗志，努力成为绽放的铿锵玫瑰。1994年，我们项目组来到位于嵊泗县的绿华岛水域的一艘大浮船上，进行水深探测试验。当我们坐着驳船终于到了要进行试验的浮船下时，只见浮船仿佛一座高山耸立眼前，必须顺着船侧的软梯才能爬到船上。作为全组唯一的女同志，那一刻，恐惧仿佛身旁的海浪，把我紧紧环绕，猛烈拍打。为了顺利完成试验，我咬了咬牙，不管不顾地抓住梯子，迈出第一步。脚下是苍茫大海，我像只孤零零的小鸟，悬挂在船壁上，同事们拼命地喊着：“不要往下看！不要往下看！”我已经记不清自己是怎么爬上去的了，只记得到了甲板上，两条腿还在控制不住地打战。那次试验很成功，达到了预期的目标。

1998年，我们再一次出发，来到了海南三亚的一片海域。那时的三亚还未开发，从机场到住地开了几十千米，也没见到几个人，我们住在一幢部队招待所里，全是平房。第二天，我就碰到了一件难事，部队的军用卡车准时来招待所接我们去试验场，但卡车车斗很高，不到一米六的我只能靠同事们上拉下推才能上去，到了场地又要连蹦带摔地下车，这样的动作我一天要做4次。但我的好胜心不允许自己如此狼狈，在暗暗努力下，没几天我就能上下自如。那时候的三亚酷热难耐，特别是在飞机上装仪器时，一丝风都没有，汗珠如大雨般滚落。然而，试验场没有厕所，周围是一片平原，为了避免尴尬，我几乎一口水都不敢喝，每次完成试验都几乎“脱水”。

记得当时试验需要买个三相插头，我便打算利用中午休息时间去三亚市区买，白花花的水泥路在太阳的炙烤下散发阵阵热浪，方圆几

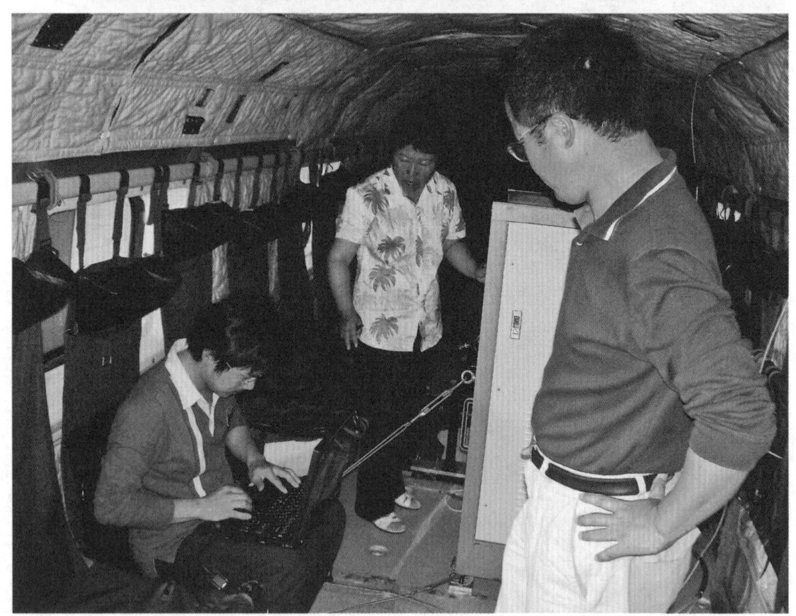

在直升机上做外场试验

千米都是无人区，好不容易才拦到一辆车，到市区后又挨家挨户走了一个多小时才成功买到。当我手忙脚乱地赶回试验场时，感觉自己已经快中暑了。那时候没有吊装设备，白面书生们硬是用双手和肩膀，喊着号子将每一部分的分系统装到直升机上，机舱内一点风也没有，所有人都汗如雨下。在大家的企盼中，搭载着设备的直升机飞向天空，当听到飞机返程的轰鸣声时，我们都站在停机坪上，任凭螺旋桨扫起的灰扑得我们满脸满身。飞机落地后，看到机上人员比出胜利的手势，人群立刻化身欢乐的海洋，大家欢呼着、跳跃着，幸福地相拥而泣，那激动人心的场面我至今都不能忘怀。什么叫幸福？我想没有更完美的话语能表达了。

攻坚克难，更上层楼

诗里写到，“世界让我遍体鳞伤，但伤口长出的却是翅膀”。对我而言，外场试验的风吹日晒，让我脱掉了一层又一层皮，却也给了我宝贵的打磨与历练经历，实现了蜕变与成长，长出了铠甲与翅膀。这些都让我在后来的工作中受益匪浅。

那时候，光机所承担着很多军工项目，军方要求我们必须要通过质量体系认证。然而，当时大家都没有接触过类似领域，手足无措之际，我主动请缨承担起这一任务。日常工作很忙，我只能在工作的间隙抽空学习，还要向外单位请教，那段时间真的可以说是连轴转，几乎连吃饭和睡觉的时间都没有。好在结果令人欣喜，我们室顺利拿下了ISO9000认证，为日后承担军工项目铺平了道路。此后，武器装备认证、保密资格认证等一个个认证都被我们收入囊中。

在大家的共同努力下，我们室的人员从20多人发展到200多人，试验室从几间扩展到近乎一幢楼，每年的科研项目从1项增加到70多项，科研经费也从70万元涨到1亿元。这一切成果的背后，都是全体成员用忘我工作时的夜以继日、吃苦耐劳时的甘之如饴换来的。

随着研究室的发展，我承担的工作也越来越多，担任室工会主席，凝聚职工的力量；担任行政秘书，在研究室与机关各部门之间架起桥梁。十多年里我们室经历了几次大型搬迁，在当时的室主任陈卫标老师的领导下，我全权负责了这项工作，从试验室如何装修，到办公区如何布置，再到人员如何安排等都一一落实。我至今记得，每次开基建讨论会时，会议室烟雾腾腾，我就在烟雾里为我室的利益和设计方案据理力争，甚至和建筑老板拍桌大吵。每次搬迁，我都把工作做到最细，大到试验室装修、超净试验室的建造、试验设备的先后进场，小到电话、网络、电脑、空调、办公桌椅的安装全部安排妥当，大家只需要拎包入住。我也多次被评为所先进工作者，入了党，并被聘为高级实验师。

随着研究室经费的不断增加，领导又希望我把经费管起来。我与时俱进，以主人翁的态度认真学习事业单位财务知识，在每年多次的项目经费审计中不断学习、总结经验、规范运用。每次项目在结题时，我们总能在经费使用上顺利过关。我经手了几亿的经费，面临过无数次的审计，都能顺利完成，为项目结题提供了有力保障，得到了领导和同事们的一致好评。在临退休前夕，所里召开了经费管理员表彰会，我被评为一等奖。

转眼间，上海光机所迎来了自己60岁的生日，而我也已是花甲之年。回忆我的青春和最美好的年华，我最感恩的便是我的父辈们以及光机所的前辈们。是他们，在童年时给了我们温情的陪伴，在成长中带给我们身体力行的示范，他们把光机所的精神基因传给了我们，把吃苦耐劳、不畏艰辛、艰苦奋斗、敢为人先的种子播撒到我们的心中，这才有了后来的我们，以及越来越好的光机所。

我永远不会再年轻了，但光机所却会永远风华正茂。直到现在，当年在大院里一起长大的小伙伴们还会经常聚会，一起回忆当年的点点滴滴，是啊，那时虽然生活艰苦，却留下了很多美好的回忆。现在我虽然退休了，可每每回到温宿路光机大院，都感到无比温暖和亲切，仿佛还能听见大人们此起彼伏的呼唤声……今天，光机所的“科三代”“科四代”们还在沿着这条科研的道路上天入海，不断地向更高的山峰攀登，我由衷地祝福他们，并大喊一声：上海光机所，加油！

伴我成长的上光精神

——傅洪佳

作者简介

傅洪佳

1965年出生于上海嘉定，1987年7月毕业于上海财经大学。毕业后，先后在上海市财政局、普华永道国际会计公司工作。现为高级会计师，全国头部会计师事务所合伙人。

父亲傅春菊、母亲杨桂芬于1958年8月加入长春光机所，1964年7月调至上海光机所，1998年光荣退休。

个人感悟

上光文化伴我成长。

1964年，上海光机所在嘉定落成，我的父亲傅春菊、母亲杨桂芬从长春光机所远调而来，进入上海光机所试制工厂的金工车间工作。上海光机所成立的第二年，我呱呱坠地，起名之时，从了傅家这一辈的洪字辈，爷爷又取了“嘉定”的谐音，名为“洪佳”。这个名字，正如光机所给予我的精神养分一般，贯穿了我的一生。

我的父母亲

1983年高中毕业考入上海财经大学后，我虽然走出了上海光机所大院，但一直在上海学习、工作和生活。虽然与上海光机所的交集减少了，在上光大院生活的记忆也模糊斑驳了，但那些成长岁月中的点点滴滴，已经沉淀成“人生海海”里最温暖的记忆三角洲，是精疲力尽时得以喘息、休憩、重整旗鼓的“充电站”。所有与上海光机所相关的人、事、物，当时经历已觉幸福，回看更感此生所幸。

光机所与父母，父母与我

据父亲回忆，身负国家重任拔地而起的光机所，虽然那时技术条件落后，生活条件艰苦，但在国家的大力支持下，所里尽心尽力地做好了工作、生活的一应安顿布置。初建之时，为了尽快“上马”投入工作，所里直接以南门处新批下来的地块置换了那时上海科技大学的大白楼（即上海光机所东楼）。为了安置员工家属，所里还在温宿路上盖起了家属楼，在那个经济条件并不发达的20世纪60年代，家属楼里却安有钢窗、地板、抽水马桶、独立厨房和煤气，嘉定本地居民总要投以羡慕的目光。所里还为“二代”们开设了托儿所，托满后可以“直升”市属红卫幼儿园，解决了职工们的后顾之忧，也为我们“二代”留下了幸福快乐的童年回忆。

20世纪60年代的嘉定，在上海市的发展蓝图里，承载着建设科学城、发展核心科技的重要使命。而光机所的建立，只是这份使命中的一角，云集当地的中国科学院原子核研究所（现为中国科学院上海应用物理研究所）、华东计算技术研究所、中国科学院硅酸盐研究所、上海科技大学等一批科研院所及高校，像一块块拼图，共同绘就了上海乃至国家科研事业展翅腾飞的壮阔图景。应这份使命召唤吸引而来的，是从五湖四海来到嘉定的知识分子们。他们的到来，不仅为当地带来了浓厚的学习氛围，还用各自的高风亮节和身体力行为许多人树立起了人生榜样，我的父亲就是个典型的案例。

父亲虽然只是光机所的一名普通工人，算不得知识分子，但他每天呼吸着光机所里的“进取空气”，也深受科研人员们的好学精神感染。记得我小时候，父亲专门订阅了《参考消息》《解放日报》《文汇报》等报刊，时时翻看、日日阅读，我也时常跟着浏览学习。至今每日浏览新闻的习惯就是那时养成的，受益终身。从科研人员们到父亲，再从父亲到我，串起了一条精神传承脉络，与无数条其他的脉络一起，织就了整个光机所薪火相传的光谱。

所里不仅学习氛围浓厚，运动氛围也“拉满”。在满满的“运动因子”的激励下，父亲将从小体弱多病的我送进了嘉定县青少年业余体校，在那里度过的四年光阴，除学到了受用一生的技能，还强健了我的体魄，并淬炼了我坚韧不拔的意志力。如今，我已年近花甲，还依然坚持一周游泳三次、每次一千米，这份对运动的热爱和坚持，让我得以保持昂扬向上的精神风貌，向着每天不同的挑战发起一次又一次冲锋。每每与父亲聊天回忆往事，我总要说起，这种健康阳光的生活方式，是他和光机所送给我最好的礼物。

我的母亲虽然文化程度不高，但始终对子女的教育极为上心。她常教导我，大院里的高级工程师和专家院士们大多出身名校，哈尔滨工业大学、吉林大学、复旦大学、上海交通大学、北京大学……在名校的教化、名师的教导下，他们才走上功成名就之路，他们中的每一个人都是我鲜活生动的榜样。在那个“读书无用论”“老大下乡、老二工矿”的口号甚嚣尘上的20世纪70年代里，母亲却多次来到学校，主动找我的班主任和各科老师们了解我的学习情况。母亲的“把舵护航”，驱散了我青春期的迷茫，也让我得以安下心来、沉下身去，全心全意投入学习。功夫不负有心人，后来，我顺利考上了嘉定一中这

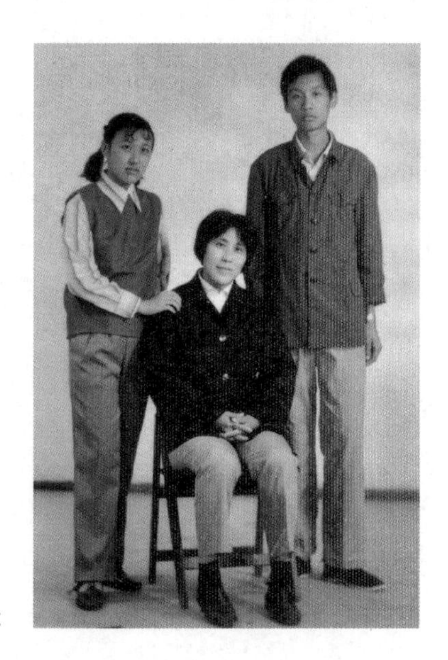

母亲、姐姐与我

所市重点学校。

大院与大院人

在一些刻板叙事中，“知识分子”的形象总是对应着一副呆板的眼镜和一双呆滞的眼睛。但光机所里的知识分子们绝不是如此，他们不仅“头脑不简单”，还“四肢发达”，精细起来能在实验室里做“绣花功夫”，活动起来还是体育馆里当仁不让的“运动达人”，真正可谓是“文武双全”。他们中，有人大学时曾跻身校队，更有人头顶“国家级运动健将”的光环，他们不仅学富五车、才华横溢，还极具生活情趣，充满着对生活的热爱和激情。

记得有一位广东籍的刘姓副所长，总出现在嘉定体育场练习举重，还坚持养成了冬泳的习惯；还有一对所里的中年夫妻，每周末都在温宿路上打羽毛球，节假日时还常常结伴骑车出游。纵使外头人心飘摇，他们却能坚守自己平凡的生活，以热爱相抵岁月无常。

即便离开光机所的“舒适区”上山下乡，从大院走出的知识分子们也能处逆境而自爱，坚持学习、钻研、进步；坚守在大院里的科研人员们也一身进取劲、满怀上进心，夜深人静却家家点灯、户户亮光的情景屡见不鲜，给年少的我留下深刻印象。这些数不清的坚持和奋斗，为他们今后步入国内的核心、高精领域埋下伏笔，也为“二代”们扣好了家风家学的“第一粒扣子”。

许多光机所大院里的人都来自东北，即便离开故地经年，依然保留着东北人刻在骨子里的热情好客、爽朗大方，为我在大院里的童年生活带来了源源不断的暖意。犹记两三岁时的我特别调皮，有一回，我不小心在玩闹时被水牛角顶到了身上，5号门的王丽华阿姨见状，立马抱起小小的我就往医院跑。

20世纪70年代，所里生活更加红火。在外，为了方便家属们前往市区，所里周末在西楼处还开设了客车班次，于是每逢周末，便可见一些广州牌的客车在所里出入，为大院里的人们节省了脚力、打开了大世界。在内，彩电、室内空调、游泳池相继走进大院人的生活中，为大院居民送来了新时代的色彩、温暖和清凉。我家里也新买了电视机，却不知道怎么使用，幸好研究室有一位叔叔多才多艺又古道热肠，眼疾手快一通安装，室外天线装好了，信号接进来了，电视一打开，生活也热闹起来了。现在回忆起我第一次通过彩电收看世界杯比赛的情景，脑海中还能清晰浮现出在五光十色的电视机屏幕上，荷兰和意大利的球员们在绿茵球场上挥洒汗水、恣意奔跑的身影。

大院与我

1983年，在高考恢复的第五年，即便面临“地狱级”的考试难度，以及8∶1的录取竞争压力，我还是一举登榜，考入了上海财经大学。这样的成绩在那时光机所的“工厂子弟”中，虽不是独一份，也能算得上数一数二、轰动一时。非“研究室子女”也能考出好成绩，在那时传为一段佳话。所里的长辈们都为我高兴，父母自然也十分满意，还记得9月里大学报道的第一天，父母提着我的行李，一路搭乘所里去市里送货的卡车送我入学报到，卡车行驶了多久，“珍惜来之不易的机会”“好好学习、报效祖国”这些话就嘱咐了我多久。

我心里知道，能取得这样的高考佳绩，是父母教导有方，更得益于光机所的浸染熏陶。即便后来我进入大学、步入社会，光机所依然是我坚强的后盾，更是一盏长明灯，照亮着我行进的方向。大学毕业后，我被市财政局录用了，但我后来才知道，市财政局人事处来我的母校挑选毕业生时，除了我个人履历中的在校表现外，父母在光机所工作的背景也吸引了他们的目光，为我进入财政局、开启自己往后的职业生涯加分加码。

市级机关里的工作烦琐复杂，但每当迷茫疲惫时，想起光机所大院里的长辈们辛勤工作的身影，就又拾起再次出发的勇气和信心。我的大局观、公文写作能力、演讲口才、沟通和管理协作技能，都在机关单位里得到了十足的磨炼成长，助力我成了能够独当一面的“政策专家”：26岁，我被评为中级会计师；29岁，我通过了注册会计师的全国统一考试；不到30岁，我就负责起了全市的外商投资企业会计制度的制定和解释工作；不到35岁，我已成为本市外商投资企业财税管理方面的专家、权威。在此期间，1990年，我荣获了首届全国会计大奖赛一等奖；1994年，还荣获了上海财税《财务会计改革专题》论文一等奖。

2000年，由于我在工作上的优异表现，国际四大会计师事务所之一的普华永道向我抛来了橄榄枝，邀请我加入。在与父母充分沟通后，当年8月，我辞去了公务员的“铁饭碗”，进入普华永道中国并担任技术支持经理一职，携手滚滚而来的新世纪，我开启了人生的新篇章。在普华永道工作期间，我了解并掌握了现代化的信息化技术手段，搭建起了可供近万名员工在线浏览的中国法律法规库的信息化平台，至今仍在使用中。

积累了一定经验后，我萌生了自己的创业梦想。无巧不成书的是，当时的立信会计师事务所正处于高速发展期，求贤若渴，我对能让我施展才干的平台也心向往之，于是我们一拍即合。进入立信后，我创建了全新的部门、搭建了体系、开发了系统，填补了事务所的空白。加入立信的第五年，即2009年，44岁的我光荣地晋升为一名合伙人。如今，立信会计师事务所已经有31家分支机构，遍布全国23个省市自治区，有12 000余名员工、近300名合伙人以及2 200余名执业注册会计师，2022年度实现业务收入46.14亿元，在中国本土事务所中位列第一。我有幸见证着立信的发展壮大，也为它的欣欣向荣尽了绵薄之力，自然，得益于“水涨船高”，我也在业内收获了一些名望，不到50岁时，我光荣地被评为一名高级会计师。

回望走出光机所大院的这些年，尽管我在大学读了商科，从事的工作也与科研不沾边，人生轨迹与光机所的发展轨迹看似毫无交集，但正是少年时期在光机所大院里的耳濡目染，铺就了我此后人生图谱的底色。我所有的积极乐观的生活心态、健康向上的生活方式，都取色于光彩四溢的大院生活记忆。我也许并不算严格意义上的“科二代”，但一次次地努力钻研、不断进取，敢于走出舒适圈、不断挑战自我，这些我得以走上成功人生的“性格基因”，也正是我继承自“科一代”们身上的宝贵财富。

如今，我将自己活成了“老一辈”，但我永远不会忘记，自己是光荣的“上光二代”。60年栉风沐雨，“科一代”们树起的榜样，依然砥砺着无数大院人前行不辍。这份身为大院人的骄傲和自豪，将灌溉我的余生；那些被冠以“光机所大院”之名的精神薪火，曾经烛照我的昨天、今天，也将点亮、指引我的明天，更将辉映我的下一代、下下一代。

附录　中国科学院上海光学精密机械研究所的建立

中国科学院上海光学精密机械研究所，成立于1964年，当时所名为中国科学院光学精密机械研究所上海分所，建制属中国科学院。1966年，中国科学院通知更名为中国科学院六五一六所。1968年，由中国人民解放军第十五研究院接管，授番号为中国人民解放军第一五〇五研究所。同年7月，授部队代号为中国人民解放军南字829部队。1970年，回归中国科学院系统，实行中国科学院与地方政府双重领导。同年10月，更名为中国科学院上海光学精密机械研究所，简称上海光机所，一直沿用至今。

上海光机所建立的直接原因，是20世纪60年代初激光的问世及其应用所展示的强大生命力，随之引起国家的密切关注和高度重视。1960年5月，世界上第一台激光器在美国休斯实验室诞生。同一时期，中国科学院长春光机所、电子所、半导体所等单位的科技人员也在研究涉及激光方面的相关理论和实验方案。电子所黄武汉领导的研究组于1959年就开始了红宝石微波量子放大器的研究；长春光机所王之江、邓锡铭等受20世纪50年代中期国外发明微波量子放大器的启发，设想延伸到光波，制造光量子放大器。1961年9月，国内第一台红宝石激光器诞生。此后几年，国内激光研究的早期成果不断涌现，开辟了一个全新的研究领域。

1962年，钱学森对激光领域的发展前景作出了估计，并在全国《1963—1972年十年科学规划纲要（草案）》中写道："受激光发射，不但对基础科学会有这些影响，也将在工程技术方面，在远程飞行体的定位、探测、追踪技术上开辟广阔的前景，并为宇宙通讯创造新的可能性。因此，受激发射技术的生长和发展有可能将在今后十年内，在科学技术中引起一次广泛的波澜，建立起另一门尖端技术。”

激光技术领域显示的蓬勃生机，特别是中央领导的直接关心和国家有关部门领导的亲自筹划，加快了上海光机所组建的进程。毛泽东主席在听取国务院副总理、国家科委主任聂荣臻汇报《1963—1972年科学规划》时说：“死光（即激光），要组织一批人专门去研究它。要有一小批人吃了饭不做别的事，专门研究它。没有成绩不要紧。军事上除进攻武器外，要注意防御问题的研究。”（摘引自《毛泽东文集》第八卷第352页）

1963年8月，中国科学院党组书记、副院长张劲夫陪同朝鲜科学院代表团参观长春光机所时指出，“发展这门新技术要考虑一些非常措施”。不久，聂荣臻副总理在张劲夫陪同下到中国科学院院部观看了激光演示实验。同年9月，王大珩等在中国科学院召开的受激光发射工作会议上，提出“加强受激光发射研究，建立专门研究机构”的若干建议。

1963年10月28日，国家计划委员会（简称国家计委）副主任安子文约黄武汉谈话，主要听取他关于应如何开展受激光发射的研究工作和国外量子电子学的最近发展情况。在座的有国家计委副主任范慕韩、上海市委书记曹荻秋、上海市计委主任马一行。他们听取汇报后，还详细看了黄武汉上报给张劲夫副院长的报告，并在报告上签署意见，转给国家科委副主任张有萱：“有萱同志，我们约黄武汉同志谈了一次，我们认为这个所放在上海有很大好处，时间上可能快，盼你向聂总反映一下。”曹荻秋表示，若在嘉定建所，上海市委一定大力支持，希望黄武汉回京后向张劲夫副院长请示，及早决定建所地点。同时，安子文还要求黄武汉写一份关于受激光发射的通俗材料，以向李富春主任反映。次日晨，这份材料即交给了安子文。聂荣臻副总理对选定上海建所有过指示：“在上海建所为宜，可以充分利用上海的工业基础，加速发展激光技术。”

1963年11月30日，中国科学院向国家科委、国家计委上报“中国科学院报光机所上海分所设计任务书”。文件简述了1960年7月激光问世以来，苏、美、英、法、日等国在这个领域的研究状况：“其规模之大，进展之迅速，大大超过了半导体、微波技术初期的规模。”接着指出：“三年来，我国在这方面也开展了研究工作，在光学精密机械所、电子所及其他单位也用红宝石及气体量子振荡器发现了受激光发射现象。在1962年的时候，我国与国外的差距约一年半，事过一年，差距越来越大，尤其在应用研究方面，我国基本上还没有开始。”文件强调：“为了迅速开展这方面的研究工作，赶上国际水平，经院研究，认为必须立即采取措施，从我院的光机所、电子所抽调有关从事受激光及微波发射研究的各类人员270人，在上海嘉定筹建新所（暂定名为中国科学院光学精密机械研究所上海分所，由院计划局归口），以光及微波受激发射为单一方向技术综合的专业性研究所，研究受激发射的光学与量子电子学的基本问题，着重发展光及微波量子器件及其应用，并以辐射武器的研究工作作为长远方向之一。上述建所任务及所的方向，我院张副院长请示聂副总理，并获聂副总理同意。国家计委安、范副主任也表示同意。至于在上海市建所一事，上海市委书记曹荻秋、刘述周和市科委主任舒文同志，均表示支持。经过协商，上海市已初步同意将上海科技大学（原上海电子所）现用房屋的一部分换给光机所上海分所，作为目前搬家急需之用。筹建分所的工作院正在积极进行中，要求在1964年初开始搬家并于明年中能搬去270人及必要的装备，以便开展研究工作。”

1963年12月18日，中国科学院光学精密机械研究所“关于光机所上海分所筹备组事”，上报中国科学院技术科学部。12月30日，中国科学院技术科学部批准成立中国科学院光学精密机械研究所上海分所筹备组。

1964年1月11日，国家计委、国家科委批复：“原则同意中国科学院光学精密机械研究所上海分所设计任务书。”中国科学院光学精密机械研究所上海分所从1964年1月开始筹组，5月起研究技术人员从长春、北京两地连同仪器设备器材等陆续迁往上海嘉定，到8月20日，全所已有近300人。他们克服南北气候差异带给人们的不适，冒着酷暑边筹建、边开展研究工作，仅两个半月就取得了10项科研进展。筹备组向中国科学院计划局和技术科学部专门作了书面汇报。

1964年8月19日，上海市经济计划委员会下达文件，决定上海市轻工业局的长江光学仪器厂、上海市仪表局的竞明仪器厂共400多人划归光机所上海分所，组成附属工厂，取名为中国科学院光学精密机械研究所上海分所长江科学仪器厂（1973年改名为中国科学院上海光学精密机械研究所试制工厂）。

1964年，处于新建中的中国科学院光学精密机械研究所上海分所用自己的业绩证明了王大珩所长给这个所成立时的贺电中的一句话，“北京、长春两支力量合并在上海，可谓人杰地灵”。

1964年底，中国科学院光学精密机械研究所上海分所在册人员1 015人，其中科技人员408人。

编后记

时光荏苒，岁月如梭。转眼间，上海光机所迎来了建所60周年。那些在上光大院里工作、生活的日子，仿佛就在昨天，难忘建所的艰辛与波澜，更不舍开拓的聚力与创新！

编写这本书的过程，就像是一次时光之旅。我们搜集资料，拜访了参加建所的“科一代”和当时跟随父母生活在上光大院的“科二代”，鼓励他们用文字讲述那个年代发生在上光大院中的故事，重温上光大院的奋斗与温情。那些无数个日夜的奋斗与付出，有的充满激情与热血，有的充满欢笑与泪水，但无一例外，都透露着那个特殊时期人们对科研事业的执着与热爱。

书中记录了大院生活中的点点滴滴。在这本书中，我们看到了上光第一代建设者牢记毛主席的殷殷重托，怀揣科技报国的使命，携家带口来到嘉定，搬家科研两不误，建立了我国最早、规模最大的激光科学技术专业研究所，也奠定了上光创新、唯实、奉献、诚信的文化气质。我们也看到了第一批“科二代”跟着父母在上光大院中生活长大，在耳濡目染的熏陶下，培养了他们的三观，影响着他们后面的人生。

在编写这本书的过程中，我们深感责任重大。希望通过这本书，让更多的人了解上海光机所的历史和文化，记住那些为科研事业默默奉献的上光奠基者和建设者们。同时，我们也希望这本书能够成为年轻一代的精神食粮，激励他们传承精神，砥砺前行，为新时期加快抢占科技制高点，实现高水平科技自立自强和建设科技强国勇立新功。

最后，我们要感谢所有为这本书付出过努力的人。感谢所有作者的无私分享和深情回忆，感谢所有参与编写和校对工作的同仁们的辛勤付出。正是有了大家的共同努力，才有了这本承载着上光大院六十载春秋的珍贵回忆的书籍。

愿这本故事集能够成为上海光机所连接过去与未来的桥梁，让上光故事和精神代代相传，永远铭刻在大家的心中。

谨以此书，献给所有曾经和现在奋斗着的追光人！

中国科学院上海光学精密机械研究所
SIOM · 1964

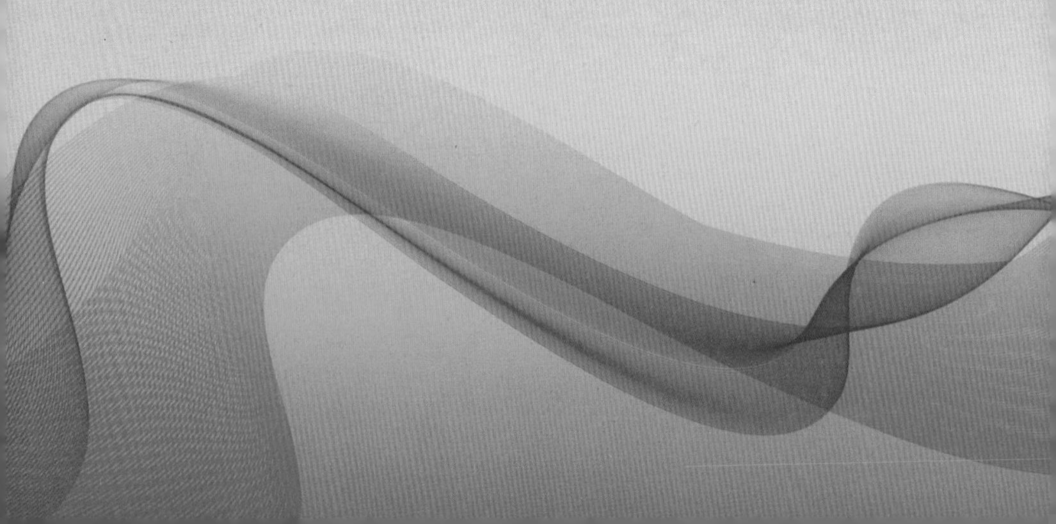